実用のための

「微積」

と「ラグランジアン」

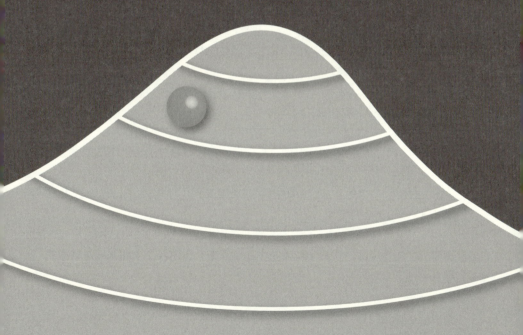

はじめに

　この本は、「微分積分」を恐れず、道具として親しむことを目的とした、"雑学以上、入門書未満"の内容です。

　同じ分野にすでに幾多の名著がある中で、本書が目指したのは、それらの名著が読める地点までのガイド役を果たすことです。

　物理学をはじめ、およそ科学の著述を正しく理解するは、どうしても「数式」を避けて通ることはできません。

　ところが、「啓蒙書」はできるだけ「数式」を避け、逆に「専門書」はいきなり「数式」ありきで始まる、といった事情から、「数式の壁」そのものに正面から向き合った本は意外に多くはありません。

　「数式の壁」への突破口を拓くため、本書では「物理」と「数学」の中間領域をカバーするという特色をもたせました。

＊

　「微積分」は、歴史的には「力学」とともに発展した、「物理」のための道具です。

　ところが、今日の学校カリキュラム（特に高校）には、「物理」と「数学」が分かれてしまったという不幸があります。

　高校の「物理」には「微積分」が使えず、「数学」には物理的な応用例が充分ではない。

　本来、「物理」にはもっと「基礎的な数学の説明」が、「数学」にはもっと「物理的なイメージ」が必要です。

　そこで、本書では、この学校カリキュラムからあぶれた中間領域を積極的に取り上げました。

＊

　本書は、通常の教科書や参考書のように、すべてのトピックを網羅してはいません。

あれもこれもと欲張るよりも、たったひとつでいいから最重要メッセージだけは伝えたい。

　そのため、本書では「最小作用の原理」を最重要な項目として、それ以外のトピックはバッサリと切り捨てています。

＊

　「最小作用の原理」とは、「この世界が作用を最小化するようにできている」とする考え方です。

　これまで人類が出会った現象で、この「最小作用の原理」の例外はひとつもありません。
　これは驚くべき事実ではないでしょうか。

> 学生の頃この最小作用の原理、あるいは変分原理によって世界が記述できるという事実を初めて学んだとき、自分の価値観が変わるほどのショックをうけたことを覚えている。
> 単に物理の問題を解くための定式化にとどまらず、広くものの考え方に対して大きな影響を受けた。
> -- 東京大学出版会　解析力学・量子論(須藤 靖)より.

　たとえば、地球が丸いことを知らなくても、日常生活には何ら支障をきたしませんが、知っているのと知らないのとでは、どこか人生が違ってきます。
　「最小作用の原理」もそれと同じで、知らずにすますには惜しいほどの価値があります。

＊

　本書を通じて、読者に多少なりとも新しい視点がもたらされたなら、筆者としてこれに勝る喜びはありません。

中西　達夫

実用のための「微積」と「ラグランジアン」
CONTENTS

CONTENTS

第1章

「微分」は、「何のために」「どのように」「なぜ」役立つか

> 「自然という書物は数学の言葉で書かれている（ガリレオ＝ガリレイ）」。
>
> なぜ、少なからぬ労力を傾けて「微分」「積分」を学ぶのか。
>
> それは、「微分」「積分」が、現在人類の持つあらゆる方法の中で、最も簡明に自然を記述し、最もうまく最適な答を導き出せるからです。
>
> 「微分」「積分」こそが人類最強の思考ツールである。それを実感してもらうのが、この本の目的です。

1-1　「微分」は「何に」役立つか

> 「微分」とは、「微かに分かる」ことであり、「積分」とは、「分かった積もりになる」ことである。

　そんなジョークが言われるほどに、「微分」「積分」は難解の代名詞とされています。

　いったい「微分」は、何の役立つのでしょうか？

　それは、「最適な答を見つけ出す」ことです。

　「微分」は、たとえば、「目的地まで効率良くたどり着きたい」ときには最短の経路を見つけ出し、「自動車の運転」であれば最も燃費の良い走り方を見つけ出します。

　また、エアコンの温度調整の自動制御にも「微分」が使われています。

他にも、

・「建築」では、最も頑丈な造り方を
・「化学反応」では、最も収量が多くなる調合を
・「生産計画」では、最も効率の良い資材人員配置を
・「流通販売」では、最も利益が大きくなる選択を
・「未来予測」では、最も確率の高い状況を

それぞれ見つけ出すのが、「微分」です。

　さらに昨今、大きく着目されているのは、「人工知能」「機械学習」といったテクノロジーでしょう。

　「人工知能」の中で、観測データに最もうまく適合する振る舞いを見つけ出すのにも、「微分」が一役買っています。

*

　「最適な答を見つけ出す」とは、より具体的には「目的とするアウトプットを最大化（あるいは最小化）する」ことです。

　たとえば「経路」の問題であれば、「距離を最小にすること」が答です。

　「未来予測」では、「確率を最大にすること」が答です。

　あるいは、「人生」の問題であれば、きっと「幸福を最大にすること」が答なのでしょう[1]。

　目前の状況に際して、望みのアウトプットを最大化（あるいは最小化）する答を見つけ出す方法、それが微分です。

*

　ここで、最大と最小は正反対ではないかと思われるかもしれませんが、実のところ数式の上では最小と最大の扱いは同等です。

　というのも、最小を示す数値にマイナスを付ければ、最大を示す数値に変えることができるからです。

　「損失を最小に留める」ということは、「マイナスの損失＝利得を最大にする」のと同じです。

　「微分」とは、最適な答を教えてくれる、とんでもなく役立つ思考ツールなのです。

---

[1]　もっとも、「幸福」が1つの数値で表現できるかどうか定かではありません。

にもかかわらず、このことはあまり世間一般には受け容れられていないように思えます[2]。

　検索サイトの「微分」に付随する関連キーワードに、「意味、役立つ、何のため、何に使うの」などが挙がってくるのを見るにつけ、よほど「微分」に苦しめられている人が多いであろうことは、想像に難くありません。

*

　なぜ、「微分」が役立つのだと知られていないのか。そして、「微分」がこれほどまでに嫌われ者になってしまったのか。

　1つには、「微分」の概念があまりにも広すぎて焦点が定まらず、すべてを学ぶには大変な労力を要する、という事情があると思います。

　ここで少しだけ、「微分」の歴史を紐解いてみましょう。

> 　17世紀には、「微分」することに関係する問題がまず三つの別な方面から現われてくる。すなわち速さ、接線、最大最小の3つがそれである。
>
> 　　　　　　　　　　　　　　　　　　　　　　　―ブルバギ数学史より

　実際、学校の物理で真っ先に教わるのが「速さ」で、数学でまっ先に教わるのが「接線」、しかし実用に役立つのは「最大最小」という、微妙なすれ違いがあります。

　これら広範囲におよぶ概念をいっぺんに頭に入れるのは、どう控え目に見ても大変なことです。

　それでも「微分」が最適な答を示すツールなのだと知っていれば、目指す先が見えてくるのではないでしょうか。

※2　詳しく知っている一部の人たちにとっては常識なのかもしれません。

1-2　　　「微分」は、どのように役立つのか

　それでは、「微分」はいったいどのようにして最大(最小)となる答を見つけ出すのでしょうか。

　ちょうどそれは、"霧の中の登山"に似ています。
　地図のない未知の土地で、しかも濃霧で足元の地面しか見えない天候で、山頂を探せと言われたら、あなたならどうしますか。

　真っ先に思いつく方法は、「傾斜を上に向かって進む」ことでしょう。
　上へ、上へと向かって進み、地面が平らになったところが山頂、つまり最大値というわけです。
　単純素朴な方法ではありますが、さりとて他にもっと良い方法があるとも思えません。

　実は、この「坂を上る」という単純素朴な方法が、「微分」による最適化の本質です。
　「微分」「最適化」と聞くと、いかにも高尚難解な印象を受けますが、いざフタを開けてみれば何のことはない、ごく単純で当たり前のやり方に過ぎなかったのです。

　学校で「微分」を習ったことがあれば、きっと「グラフの傾き」を計算した記憶があるかと思います。

なぜ、「グラフの傾き」にこだわるのか。

それは、「最大値の探索→山登り」というストーリーがあって初めて理解できることだったのです。

・「坂の傾き」が分かれば、どちらに進めばいいか分かる（少なくとも手掛かりにはなる）。
・傾きが平らになったところが、「山頂」（あるいは「谷底」）である（つまり、そこが答である）。

こうした"山頂探し"を考えたとき、どうしても必要となるのが、「坂の傾きを知る方法」です。

「微分」とは、まさにそのようなもので、「足元の地形から坂の傾きを計算する方法」だったのです。

1-3　　「微分」は、なぜ役立つのか

ではなぜ、「微分」がそれほどまでに役立つのか。

それは、「この世界が微分によって記述できるように作られていた」からです。

これは極端な見解かもしれませんが、特に、「力学」を基礎に置く物理の立場からすれば、世界は（原理的には）「微分」によって記述できるのだと信じられています[3]。

自然は最善を尽くす

これは物理の根幹を成す1つの信条であると思います。

自然は無駄を嫌う

あるいは、

自然は答を知っている

と言い換えてもいいでしょう。

---

[3]　この見解に異論を唱える人も多いと思いますが、次のように考えてみてください。
「運動方程式」は何をもって記述されているか。
あるいは、「マックスウェルの方程式」や「シュレーディンガー方程式」は、どのように記述されているか。
そして、それらの基礎方程式によって世界は（原理的に）記述できないものなのだろうか、と。

この信条のことを、物理では「最小作用の原理」と呼んでいます。

およそ考えられる運動の中で、実際の運動は例外なく「作用」が最も小さくなる形で実現する。

「最小作用」とは、「無駄な動きをしない」ということです。

1-4　いったい何が「最小」になるのか

では具体的に、この世界では何が最小となっているのでしょうか。

古典力学にはすでに模範解答があって、それは「ラグランジアン」と呼ばれています。

・自然の採る運動は、「ラグランジアン」の合計（作用積分）が停留化する形で実現する。

「ラグランジアン」は数字で示すことができる量であり、その気になれば実際に測ることもできる物理的な実在です。

古典的な力学のみならず、現代物理の共通基盤である「場の理論」は、「ラグランジアン密度」を扱います。

私たちが日常接する時間・空間スケールから最先端の物理に至るまで、「ラグランジアン」は普遍的な概念であり続けているのです。

「微分」と「ラグランジアン」、これらは物理学の要と言っても過言ではありません。

この本では、「微分」から出発し、「ラグランジアン」を到達点に選びました。

そこまで到達すれば、物理学の要が俯瞰できるからです。

1-5　　　　　　　残された疑問

　自然は最善を尽くし、人は「微分」によってその答を探す。

　今日までに至る物理学の知見から、「最小作用の原理」が根本から間違っていた、という事態はまず起こり得ないでしょう。

　ただ、原理を我が身に当てはめてみると、どうしても1つの疑問を避けることができません。

> 自然が最善を尽くすのであれば、なぜ、人間は最善を尽くせないのか。

　もし人間も物理的実在であり、「ラグランジアン」を最小化する存在であったなら、人間の意思も行動も予定調和しているはずではないか、という疑問です。

　極端な話、ある人が強盗殺人を犯したとしても、それも原理的には物理法則の帰結であり、自然が為したもう"最善の結果"なのでしょうか。

　だとすれば、そもそもこの世には善も悪も無く、ただ在るのは物理法則だけ、ということになります。

　この問に単純な答はありません。

　当初、ナイーブに信じられていた「最小作用の原理」も、詳しく調べるにつれそれほど単純ではないことが分かってきました。

　そもそも最小化ではなく停留化であること。

　それも一言で言い切れるような代物ではなく、正確には数理的な記述に頼らざるを得ないこと。

　たとえ個々のルールが単純であっても、その組み合わせは予測不能なほどに複雑であること。

　物理学とは「なぜ」（目的因）に答えるのではなく、「いかに」（作用因）に答える学問です。

　物理学が"世界の存在目的"と決別した現在、理由や目的を問うのは物理学ではなく、結局は「個々人の在り方」です。

　確かなのは、最後の問に答えるには、いま一度、「最小作用の原理」に真摯に向き合わざるを得ないということでしょう。

　世界は物理学で割り切れるほど単純ではないように、物理学なしに理解できるほど単純でもないのです。

第2章

「ラグランジアン」は
どのように使うのか

> 「微分は最適な答を導き出す」「自然は作用を最小化（停留化）するような運動を行なう」。
>
> これらの言葉から、実際の物理的イメージを思い描くのは簡単ではありません。
>
> この章では「微分」と「最小作用」の物理的イメージとして、「最短時間経路」と「放物線」の例を取り上げました。
>
> 「ラグランジアン」とは何か、まずは実際の使い方を見ていきましょう。

2-1　犬にも分かる「最適化」

自然は最善を尽くし、人は計算によって最適な答えを探し出す。

　では、自然と人の間にあるもの、たとえば"犬"だったら、最善の答を野生の勘で見出せるのでしょうか。

　そんな疑問に応えた一編の論文、

"Do Dogs Know Calculus?"［Timothy J. Pennings］

があります。

　論文著者のペニングス博士は、ある日、飼い犬のエルビス（飼い犬の名前、ウェルシュ・コーギー種）を連れて、ミシガン湖のほとりでボール遊びをしていたそうです。

　湖岸から水中に投げたボールをエルビスが取りに行く様子を観察したところ、どうやらエルビスは最も効率の良い経路をたどってボールを拾いに行っ

ているように見てとれました。

　湖面に落ちたボールまでの最短距離は、もちろん「直線」です。
　しかし、水中を泳ぐのは陸上を走るよりも大変なので、必ずしも直線が最も効率の良い経路であるとは限りません。
　なるべく陸上を走る距離を長くして、ちょうどいい感じのところで水に入るのが、最も効率の良い経路です。

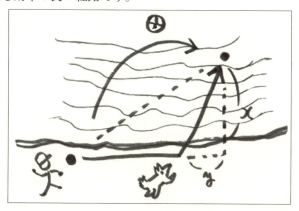

　ペニングス博士は、エルビスが「陸上を走る速さ」「水中を泳ぐ速さ」、そして「ボールを拾うときに水に入った地点」を測定しました。
　その結果、多くの場合、エルビスは最短時間となる経路を選んでいることが明らかになったのです。

> 私の（ひいき）目から見れば、結果はよく一致している。エルビスの採った経路が、最適な経路に極めて近いことは明らかに見える。

　論文の最後は、こんな言葉で締めくくられています。

> 　あなたのお気に入りの犬で、さらなる実験ができる。
> 　たとえば雪の中ときれいな歩道とか。
> 　もっと興味深いのは、「6歳児」「中学・高校生」「大学生」が最適な経路を選ぶかどうかだ。
> 　ただしプライドを守るために、教授は実験に加えないほうがいいだろう。

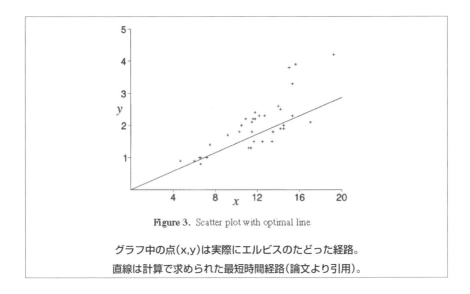

Figure 3. Scatter plot with optimal line

グラフ中の点(x,y)は実際にエルビスのたどった経路。
直線は計算で求められた最短時間経路(論文より引用)。

　たしかにこれは手軽にできる実験なので、筆者と、計算方法をまったく知らない中学生とで試してみました。

　ただし近所に手頃な湖がなかったので、さらに簡易化した方法を採りました。

・公園の中に1本の線を引き、線より手前は、走ることができ、線の向こう側は歩くというルールを定める。
・目標となる「ゴール地点」まで、できるだけ早くたどり着くように、上手い経路を選ぶ。
・走る速さと歩く速さは、あらかじめ測定しておく。
・距離の測り方には"歩数"を用いる。

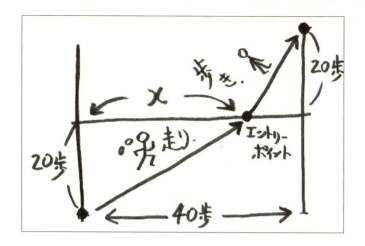

筆者らの試した結果は、以下のようになりました。

・境界線上のエントリーポイント（歩）

	1回目	2回目	3回目
筆者	35.0歩	35.0歩	35.0歩
中学生	32.5歩	32.8歩	35.0歩

・40歩を歩くのにかかった時間（秒）

	1回目	2回目	3回目
筆者	16.62	17.06	18.03
中学生	20.05	20.56	19.57

・40歩を走るのにかかった時間（秒）

	1回目	2回目	3回目
筆者	6.56	6.26	6.32
中学生	7.90	8.81	8.22

はたしてこの結果は、どれほど最適経路に近いのでしょうか。
計算してみましょう。

＊

まず、状況を「数式」で表わすことが出発点です[1]。

※1　実はここが最も難しい。「数式で表現できれば、解けたも同然」と言い切る人さえいます。

　「数式」による表現は、外国語と同じで慣れるしかないのですが、1つだけコツを言うなら「分からない数をxと置いて式を立てる」こと。

　今の場合、分からない数として、境界線上のエントリーポイントの位置を「x」とするのがコツです。

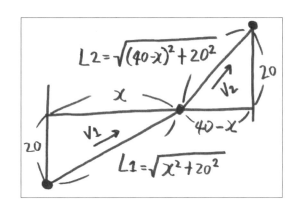

・スタートからエントリーポイントまでの距離

$$L_1 = \sqrt{x^2 + 20^2}$$

・エントリーポイントからゴールまでの距離

$$L_2 = \sqrt{(40 - x)^2 + 20^2}$$

・走る速さ：「v_1」という記号で表わし、後から実験結果の数値を代入する。

・歩く速さ：「v_2」という記号で表わし、後から実験結果の数値を代入する。

・スタートからゴールまでのタイム

$$t = \frac{L_1}{v_1} + \frac{L_2}{v_2} = \frac{\sqrt{x^2 + 20^2}}{v_1} + \frac{\sqrt{(40 - x)^2 + 20^2}}{v_2}$$

エントリーポイント「x」をいろいろ変えたときの、タイム「t」の様子をグラフに表わすと、こうなります。

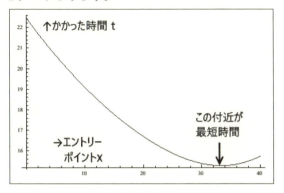

グラフの右寄り、30歩から40歩の間くらいが最もグラフがへこんでおり、タイムが短くなっています。

問題の核心は、このタイム「t」が最短となるエントリーポイント「x」をずばり算出することにあります。

ここで「微分」の出番です。

> タイム「t」を、探したい数「x」で微分せよ。

これは、「タイムtが最小となるようなxを探し出せ」という意味です。

ちょうどラジオのチューニングを放送局に合わせるように、「x」を動かして最短時間に合わせるイメージです。

*

微分すると、何が出てくるのでしょうか。

直接的な答としては、「元のグラフから傾きを取り出したグラフ」が出てきます。

まずは上のグラフを微分した結果をお見せしましょう。

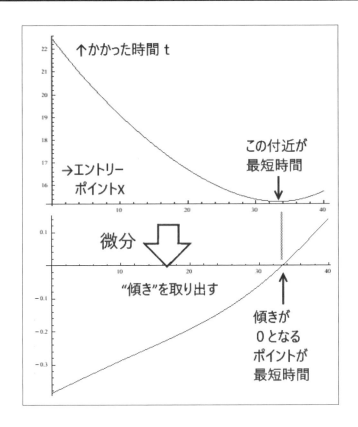

「微分」とは「坂の傾き」、すなわち「山頂」や「谷底」を探し出す計算ということでした。

・元のグラフが「右下がり」のとき、微分したグラフの値はマイナス。
・元のグラフが「右上がり」のとき、微分したグラフの値はプラス。
・元のグラフが「水平」のとき、微分したグラフの値はゼロ。

元のグラフでちょうど「谷底」となっているポイントは、微分したグラフではちょうど「0」になっています。

これは、微分のもつ極めて重要な性質です。

極値(極大値、極小値)において、微分の値は「0」となる。

つまり微分の値が「0」になるポイントこそが、探し求める答です。

■ 「微分」による極値探索

・問題を「グラフに描く」（グラフに描ける状況にもっていく）。
・グラフの「極値」（「山頂」または「谷底」）を探すため、微分する。
・「微分の値＝0」となるポイントが、求める答（の候補）となる。

　さて、問題のグラフの微分ですが、ここでは公式を引っ張り出してきて、そのまま当てはめます。

　本来ならここで「微分の仕組み」を解き明かすべきなのでしょうが、まずは全体の雰囲気を掴むことを優先し、詳細は後に譲ります。

・ルートの微分（詳しくは第5章参照）

$$(\sqrt{x})' = (x^{\frac{1}{2}})' = \frac{1}{2}(x^{-\frac{1}{2}}) = \frac{1}{2\sqrt{x}}$$

・合成関数の微分（詳しくは第8章参照）

$$\{f(g(x))\}' = g'(x) \cdot f'(g(x))$$

　これらの公式を当てはめると、タイム「t」の「x」による「微分」は、次のようになります。

$$\frac{dt}{dx} = \frac{x}{v_1\sqrt{x^2 + 20^2}} - \frac{40-x}{v_2\sqrt{(40-x)^2 + 20^2}}$$

　本書では、ここで初めて微分の記号が登場しました。

　「dt/dx」は、「式tをxで微分する」という意味です（「微分の書き方」については、**第5章**参照）。

　この式をグラフに描いたものが、上の結果のグラフでした。

　ここから最適な答を求めるには、微分の値が「0」になるポイントを算出すればよい、ということになります。

　つまり、「dt/dx＝（上の式）＝0」となるような「x」が、最適な答というわけです。

「v_1」に「筆者の平均走行速度」(6.27歩／秒)、「v_2」に「平均歩行速度」(2.32歩／秒)を当てはめた場合、

$$x = 33.3$$

という答が得られました。

筆者の場合、実際にとった行動は「35.0歩」だったので、1.7歩のズレがあったわけです。

中学生の場合、「$v_1 = 4.82$歩／秒、$v_2 = 1.99$歩／秒」で、

$$x = 32.5$$

かなり最適に近いポイントを通っていたことが分かります。

特に、1回目の結果は、正に計算通りの最適ポイントだったわけで、驚く他ありません。

*

以上により、筆者は野生の勘において中学生に頭が上がらないことが実証されました。

これがいみじくも「教授は実験に加えないほうがよい」と指摘されたことだったのかと納得しました…。

2-2 フェルマーの原理

速さの異なる2種類のフィールドをまたいで通過するとき、どの経路を通ったら「最短時間」となるか。

これは、最適化の原点となった、"由緒正しき"問題です。

異なる媒質をまたいで通過する光は、なぜ屈折するのか。

その理由を説明したのが「フェルマーの原理」です。

光学において媒質内での光の経路を決める原理のことである。「最小作用の原理」の原型となった。

フェルマは、「光線は所要時間が最小となる経路をとる」という原理をおいて、屈折の法則を導いた(1662)。

―岩波数学入門辞典「フェルマの原理」「屈折の法則」より

もし走りやすい領域と、ゆっくりとしか進めない領域があったなら、犬だって中学生だって最適な経路を選ぶではないか。

「光」は、犬よりも中学生よりも正しく最短時間の経路を選ぶ、というのがフェルマーの主張です[2]。

*

フェルマーの説には、今日の私たちから見ても不思議に思える魅力があります。

「光は、あらかじめ答を知っているかのように振る舞う」という事実です。

光は答を知っているかのように
最短時間経路を通る

※2　ちなみに「フェルマー」は、数学の難問「フェルマーの最終定理」で知られる、あの「ピエール・ド・フェルマー」と同一人物です。

　なぜ光は放たれた瞬間から最適な経路をたどるのか。

　17世紀の人々であれば、そこに私たち以上の神秘を感じとったことでしょう。

＊

　この神秘的な側面を、より深く掘り下げたのは「モーペルテュイ」という人物でした。

　モーペルテュイは、光だけでなく、「物体の静的な釣り合い」や「動的な衝突法則」もまた"作用（action）の量"を最小にするのだと考えました。

　かくして「最小作用の原理」に連なるアイデアの原型が生まれます。

　ただ、モーペルテュイの主眼は「最小作用の原理」を通じた神の存在証明に置かれており、あくまでも「形而上学的原理」から現象を説明する試みでした。

＊

　「最小作用の原理」を力学にまで高めた立役者は、「オイラー」そして「ラグランジュ」です。

　両名はそのまま、「解析力学」の基礎である「オイラー・ラグランジュ方程式」に冠されています。

　また、ラグランジュの名は「ラグランジアン」という「作用の量」を示すものとなりました。

　それでは、物体の運動を定める「ラグランジアン」とは、いかなる量なのでしょうか。

2-3 「ボールの気持ち」になってみる

宙に投げたボールが「放物線」を描くのは、経験的にも明らかです。

しかし、なぜ、「放物線」なのか。

光と同じように、「放物線」が最適な答となるような事情があるのでしょうか。

はたして「放物線」が最短時間となるかどうか、再び体を張って試してみました。

・傾斜のある広い斜面の上に、「スタート地点」と「ゴール地点」を、斜面に対して斜めに設置する。

・「直線で走った場合」と「放物線に近いカーブで走った場合」のタイムを計り、違いがあるかどうか確かめる。

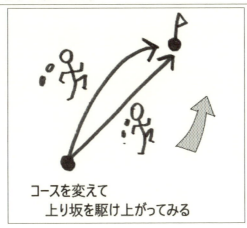

コースを変えて
上り坂を駆け上がってみる

次の表は、筆者と中学生が、隅田川の土手で試した結果です。

・筆者(秒)

	1回目	2回目	3回目	平均	平均の比 (放物線/直線)
直線	5.05	4.78	5.73	5.19	1.09
放物線	5.77	5.41	5.83	5.67	

・中学生（秒）

	1回目	2回目	3回目	平均	平均の比 （放物線／直線）
直線	7.17	7.58	7.35	7.37	1.09
放物線	7.87	7.83	8.41	8.04	

「直線」と「放物線」で、ほとんど差がありません。

むしろ、「放物線」のほうが、若干時間がかかっているように見えます。

宙に投げたボールは、最初から勢いがついています。

であれば、斜面を走るときも、最初に助走をつけるべきなのでしょうか。

*

次に、助走を付けて斜面を駆け上がった場合のタイムを計ってみました。

・筆者（秒）

	1回目	2回目	3回目	平均	平均の比 （放物線／直線）
直線	4.50	3.90	4.06	4.15	0.99
放物線	4.18	4.06	4.07	4.10	

・中学生（秒）

	1回目	2回目	3回目	平均	平均の比 （放物線／直線）
直線	6.00	6.51	5.85	6.12	1.04
放物線	6.63	6.35	6.04	6.34	

　助走を付けても、「直線」と「放物線」には明確なタイム差は見られませんでした。

　ただ、助走を付けたほうが、ほんのわずかですが、両者の差が縮まっているように見えます。

　これでまず、「放物線は最短時間ではない」と当たりがつきます。

　最短時間でなければ、何が「放物線」をコントロールしているのか。

　実際に坂を駆け上がってみると、疲れのあまり、当初の勢いがゴールに近

づくにつれて削がれていくことが体感できるでしょう。

　特に、助走を付けた場合、最初に勢いでガッと高度を稼ぎ、疲れ気味の後半では緩やかに上るほうが、全体として楽に駆け上がることができるのです。

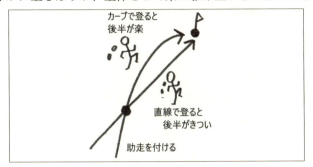

　最も楽に上れる方法、ここに「最小作用」のヒントがあります。
　おそらく、先人たちも、似たような考えを巡らせたことでしょう。

自然の中に何らかの変化を引き起こすのに必要な作用の量は可能な限り小さい。
この作用量こそ自然が真に費やしているものであり、光の通過の間にできる限り節約しようと努めているものである。
これほど美しくこれほど単純な法則は、創造主にして物事を指図する存在である神が、目に見えるこの世界のすべての現象を起こすべく、物質中に仕組んだ唯一のものではなかろうか。
　　　　　　　　　—みすず書房「数学は最善世界の夢を見るか?」より

　神様は楽ができるように、なるべく手を煩わせない形で世界を走らせているに違いない。
　神様の手間のことを「作用」(action)と言います。これは、「ラグランジアンの合計値」です。
＊
　坂を駆け上がる状況を思い浮かべると、そこには相異なる2つの要望があることに気付きます。

①できるだけ楽にすませたい。

②できるだけ高く上がりたい。

　①は、そのままの意味で、「できるだけ走りたくない」「走る労力を最小限に留めたい」という要望です。

　しかし、だからと言ってまったく走らなかったら、そもそもゴールにたどり着けません。

　②余分な力を抜きつつも、できるだけうまいことゴールに近付きたい。

＊

　何ともムシのいい要望ですが、現実にこの2つの要望を同時に叶えるには、2つの間でうまくバランスを取るしかありません。

　①を物理の言葉に直すと、「走る労力をかけない」、つまり「運動エネルギーを小さくしたい」になります。

　②を物理の言葉に直すと、「高い位置をキープしたい」、つまり「位置エネルギーを大きくしたい」になります。

　かくして、最も楽をする「ラグランジアン」とは、こんな姿になります。

（ラグランジアン）＝（運動エネルギー）-（位置エネルギー）

2-4 「放物線」を確かめる

これで本当にうまくいくのでしょうか。

話をうんと単純化して、次の状況で確かめてみましょう。

・「スタート地点」の高さは「0」、「ゴール地点」の高さは「10」。

・「スタート」と「ゴール」の間に一箇所だけ、「中間地点」を設ける。

・「中間地点」を境に、前半と後半の「ラグランジアン」を足し合わせ、その結果が「最小」になる経路を割り出す。

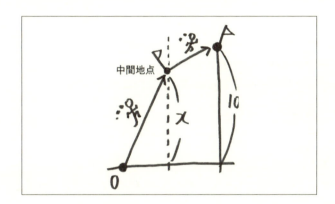

先に「屈折」で行なったのと同じことを、こんどは「運動」でやってみようというわけです。

エネルギーの計算については、やはり物理の公式集から結果を借りることにして、詳細は後回しにします（**第3章で解説**）。

・運動エネルギー $= \dfrac{1}{2}mv^2 = \dfrac{1}{2} \times$（質量）$\times$（速さ）^{2}

・位置エネルギー $= mgh =$（質量）$\times$（重力加速度）$\times$（高さ）

簡単のため、「質量 $m = 1$」「重力加速度 $g = 10$」としましょう。

また、「中間地点の高さ」を「x」とします。

スタートから中間地点まで1秒かかったなら、物体が坂を上る速度（垂直成分）はちょうど「x」になります。

中間地点からゴールまでも1秒かかったとすると、物体が坂を上る速度は「$10-x$」です。

物体が水平方向に移動する速度（水平成分）は、前半も後半も変わらず「1」であったとしましょう。

以上より、

$$前半の運動エネルギー = \frac{1}{2}x^2 + \frac{1}{2}1^2$$

$$後半の運動エネルギー = \frac{1}{2}(10-x)^2 + \frac{1}{2}1^2$$

一方、位置エネルギーのほうは（ここでは重力加速度「$g=10$」とした）、

「スタート地点」の位置エネルギー　$=0$

「中間地点」の位置エネルギー　$=10x$

「ゴール地点」の位置エネルギー　$=10\times10$

運動全体を通じて、「ラグランジアン」の合計値「S」は、

（上記のすべての運動エネルギーの合計）−（上記のすべての位置エネルギーの合計）

$$S = \left\{\frac{1}{2}x^2 + \frac{1}{2}1^2\right\} + \left\{\frac{1}{2}(10-x)^2 + \frac{1}{2}1^2\right\} - 10x - 10\times10$$

「このSが、最も小さくなるようなxを探し出せ」ということですから、ここは微分の使いどころです。

「S」を「x」で微分すると、

$$\frac{dS}{dx} = x - \{10-x\} - 10 = 2x - 20$$

「x」が最も小さい谷底となるのは、

$$\frac{dS}{dx} = 2x - 20 = 0 \text{のとき、} x = 10$$

　つまり「中間地点」が一箇所の場合は、「中間地点での高さ」がゴールと同じ「10」となったとき、"作用＝「ラグランジアン」の合計"が最も小さくなります。

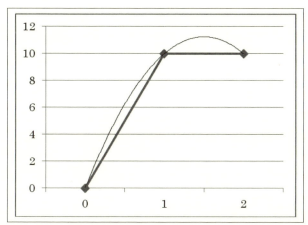

　この場合ですでに、最も楽な経路は、スタートとゴールを結んだ直線経路よりも上側に位置しています。

＊

　次に、「中間地点」をもう1つ増やし、2点の中間地点を経る経路を考えてみましょう。

　「最初の中間地点での高さ」を「x_1」とし、「次の中間地点での高さ」を「x_2」とします。

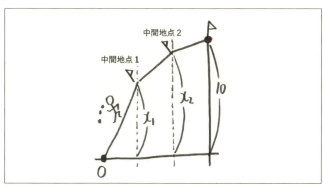

式の立て方は、上と同じです。

$$S = \left\{ \frac{1}{2}\left(\frac{0-x_1}{\Delta t}\right)^2 + \frac{1}{2}\left(\frac{1}{\Delta t}\right)^2 \right\} + \left\{ \frac{1}{2}\left(\frac{x_2-x_1}{\Delta t}\right)^2 + \frac{1}{2}\left(\frac{1}{\Delta t}\right)^2 \right\} + \left\{ \frac{1}{2}\left(\frac{10-x_2}{\Delta t}\right)^2 + \frac{1}{2}\left(\frac{1}{\Delta t}\right)^2 \right\}$$

$$- 10x_1 - 10x_2 - 10 \times 10$$

式中の「Δt」は物体が2点間を移動する時間のことで、「$\Delta t = 2/3$(秒)」という値が入ります。

この式で「S」が最も小さくなる「x_1」と「x_2」を探すため、それぞれについて微分を行ないます。

・「S」を「x_1」で微分すると、「x_1」についての極値が得られる。

・「S」を「x_2」で微分すると、「x_2」についての極値が得られる。

・両方が同時に「極値」となるのは、「連立方程式」を解けばよい。

$$\frac{dS}{dx_1} = \frac{9}{4}x_1 + \frac{9}{4}\{-x_2 + x_1\} - 10 = 0$$

$$\frac{dS}{dx_2} = \frac{9}{4}\{x_2 - x_1\} + \frac{9}{4}\{-10 + x_2\} - 10 = 0$$

$$x_1 = \frac{70}{9} = 7.77\cdots$$

$$x_2 = \frac{100}{9} = 11.11\cdots$$

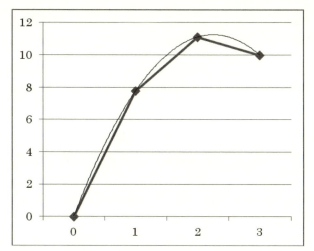

　最も楽な経路が、上に膨らんだ曲線に近づいていることが見てとれるでしょう。

　さらに、手間をいとわず「中間地点」を10箇所、20箇所…と増やしていけば、最も楽な経路は、現実の「放物線」に限りなく近い姿をとります。

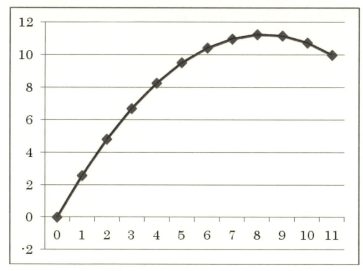

　「作用＝ラグランジアン」の合計を最小化することで、「放物線」は自ずと描き出されます。

　ちょうど「光」が最短時間の経路を選ぶように、「放り投げた物体」は作用を最も小さくする経路を選んで運動していたのです。

まとめ 「ラグランジアン」とは何なのか

　「ラグランジアン」とは、

> その合計を最小化すれば、運動の軌跡が自然と浮かび上がるような量

　具体的には、

> （ラグランジアン）＝（運動エネルギー）－（位置エネルギー）

という形になっており、合計は極めて短い時間の区間について行なう。

*

　力学では、「ラグランジアン」という量の合計値を最小化すれば、答が自然と導かれます。

　これはとても不思議なことですが、実際そうなるのだから、利用しない手はありません。

　「最小化」という考え方は、「微分」「積分」という計算方法に極めてよくマッチし、また必要とします。

　実際、最小値を探し出す計算方法が「微分」であり、その最小値を時々刻々と集計するのが「積分」という計算方法です。

*

　この章ではまず実際の使い方を示すため、何の断りも無しに「微分公式」を引っ張り出しました。

　それらの意味を知るには、多少遠回りであっても、いったん「微分」「積分」を紐解く必要があります。

　次章からは、「微分」「積分」の基礎に立ち返り、必要となる知識をたどりましょう。

　それらの知識をもとに、本書の最後で、再び「ラグランジアン」の意味を問い直すことにしましょう。

第 **3** 章

「積分」は「n次元」の「体積」

> 積分の「積」は、「面積の積」「体積の積」を意味します。
>
> 「面積」や「体積」の計算が、なぜそれほど重要なのか。それは、「積分」が取りも直さず、「エネルギー」の数え方だからです。
>
> 「エネルギー」とは、物体に加わる力を、移動距離について足し合わせた量です。
>
> この足し合わせの計算方法が「積分」であり、結果としてエネルギーはグラフの「面積」で表わされる量となります。

3-1　転がり競争

　高いところから「重い球」と「軽い球」を同時に落とすと、同時に地面に着地する。

　ガリレオが「ピサの斜塔」で行なったと伝えられる、有名な実験です。

　もっとも、この実験を本当にガリレオが行なったかどうか疑わしいのですが、それでも実験の結果自体は変わりません。

　空気抵抗など付随する効果が無視できる場合、「重い球」と「軽い球」は同時に地面に落下します。

　では、似たような実験を「坂道」でやってみましょう。

*

　円筒形の「ジュースの缶詰」と「肉の缶詰」を坂道で転がしたら、どちらが速いでしょうか。

　要は、「液体」と「固体」の違いです。

　正確を期すなら、同じ「ジュース」の、一方は「液体」のまま、他方を「凍らせた状態」で比較しましょう。

　ガリレオを信じるなら、速さは同じ？

＊

　続いて第2問。

　「同じ重さ」で「半径」が異なる2つの「缶詰」を坂で転がしたら、どちらが速いでしょうか。

　これらは簡単にできる実験なので、できれば答を見る前に一度試してみてください。

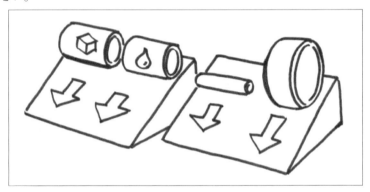

　では、実験の結果を見てみましょう。

①「液体」と「固体」→「液体」の勝ち。
②「半径」の大小 → 「半径の小さいほう」が勝ち。

　落下の速度は同じと信じていた人は、ぜひご自分の手で確かめてください。

＊

　なぜ差が付くのか。

　それは、「物体の回転」にエネルギーを要するからです。

　ガリレオの落下実験では、物体がまっすぐ落ちることだけを考慮していました。

　坂を転がす場合、落下そのものの他に、「物体を回転させる力」が加わります。

　「糸の付いた回転するヨーヨー」と「糸を手放したヨーヨー」を落としてみれば、違いは明らかです。

　「液体」と「固体」の場合、「固体」は回さなければなりませんが、「液体」は回

す必要がありません。

そのぶん、「液体」のほうが速く進みます。

＊

では、「半径」の違いはどう影響するか。

この場合、物体の回しやすさは「テコの原理」から推しはかることができます。

「テコの原理」とは、天秤の釣り合いに関する物理法則です。

天秤が釣り合うのは、（重りの重さ）×（天秤の腕の長さ）が等しくなったと
きである。

もし一方の「腕の長さ」を2倍にすれば、「重りの重さ」は半分ですみます。

「腕の長さ」が3倍なら「重さ」は1/3、「長さ」が4倍なら「重さ」は1/4です。

この「テコの原理」が、回転する円筒と、どう結びつくのか。

回転する物体の半径は、「天秤」に当てはめると「腕の長さ」に相当します。

同じ重さでも、「腕の長さ」が長ければ長いほど、「天秤」を回す力は大きくなる。

逆に言えば、「腕の長い天秤」ほど回し難い。

それが、「半径の大きな物体」ほど回し難い理由です。

＊

スポーツカーに興味のある人であれば、たとえ総重量が同じであっても、「タイヤ」と「ホイール」を軽くすれば "走りが軽くなる" ことを知っていると思います。

回転にかかる力は、単純にまっすぐ作用する力とは意味が異なっているのです。

回転にかかる力を「力のモーメント」、あるいは「トルク」と言います。

では、半径の異なる2つの円筒があったとき、必要な「トルク」はどれだけ違うのか。

実は、この計算を行なう方法が「積分」なのです。

以下では、「回転の問題」を「天秤」に置き換えて考えてみましょう。

3-2 天秤で量る「積分」

「テコの原理」で知られるアルキメデスは、「天秤」を使って「積分」の考え方を示しました。

今日であっても、「天秤」は「積分」を学ぶ有効な手段であることに変わりないので、アルキメデスのアイデアを借りてきましょう[1]。

---

[1] まず、釣り合った天秤からスタートします。

「重り」は1個「1g」としましょう。

$$\underline{\quad 1 \quad 1 \quad} \atop \triangle$$

[2] 一方の「腕の長さ」を2倍にしたなら、他方の「重り」は2倍にしないと釣り合いがとれません。

$$\underline{\quad 2 \qquad 1 \quad} \atop \triangle$$

[3] 次に、一方の「腕」の異なる位置に、2個の「重り」を付けた場合を考えてみます。

$$\underline{\quad 3 \qquad 1 \quad 1 \quad} \atop \triangle$$

この場合、釣り合いがとれる「重り」の重さは、

$$3 = 1 \times 1 + 2 \times 1$$

になります。

[4] さらに「重り」を増やしてみましょう。

$$\underline{\quad 6 \qquad 1 \ 1 \ 1 \quad} \atop \triangle$$

※1　ただし、以降の議論はアルキメデスとそっくり同じではありません。

[5] 釣り合いのとれる「重り」の重さは、

$$6 = 1 \times 1 + 2 \times 1 + 3 \times 1$$

です。

[6] もっと「重り」を増やせば、

$$X = 1 \times 1 + 2 \times 1 + 3 \times 1 + 4 \times 1 + 5 \times 1 \cdots$$

となるでしょう。

さて、次が大事なところ。
「重り」の代わりに、「一様な重さの棒」を取り付けたら、どれだけの「重り」で釣り合いがとれるでしょうか。

$$\dfrac{?}{\triangle}$$

この問題を解く鍵は、棒を「薄くスライスして足し合わせる」ことです。
仮に、「棒の長さ」が「10cm」、「全体の重さ」が「10g」だったとしましょう。
この棒を1cm刻みにスライスして「10個の重り」に分割すれば、1個のパーツは「1g」ですから、釣り合いは、

$$1 \times 1 + 2 \times 1 + 3 \times 1 \cdots 10 \times 1 = 55$$

となるでしょう。

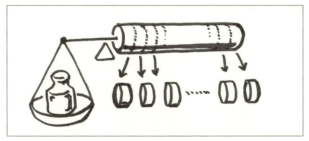

棒をさらに薄く、「0.1cm」にスライスして「100個の重り」に分割すれば、

$$0.1 \times 0.1 + 0.2 \times 0.1 + 0.3 \times 0.1 \cdots 10.0 \times 0.1 = 50.5$$

もっと薄く、「0.01cm」にスライスして「1000個」の「重り」に分割したならば、

$$0.01 \times 0.01 + 0.02 \times 0.01 + 0.03 \times 0.01 \cdots 10.00 \times 0.01 = 50.05$$

10000個に分ければ「50.005」、100000個に分ければ「50.0005」…。

分割を10倍にする度に、小数点以下の0が1個ずつ増える、という点に着目。

ということは、もっともっと極限まで薄くスライスしたなら、釣り合いのとれる重さは「50.00000…=50」に一致することでしょう。

この「…」のところが、本当にそうなるのか、「無限」とは何かについて、その後の数学の歴史では大変な議論が繰り返されることになります。

3-3　　　　　　　「上極限」と「下極限」

この場で"大変な議論"を繰り返すことはできませんが、ひとつだけ気になる疑問を取り上げましょう。

「50.0000…5」という数は、ひょっとすると、「50よりも、ほんのちょっとだけ重いのではないか」という疑問です。

＊

いま一度、スライスの方法を見直します。

棒を「1cm刻み」にスライスして、「10個の重り」に分割したとき、「重り」の数え方には別の方法が考えられます。

それは、開始の値を「1」からではなく、「0」からスタートする方法です。

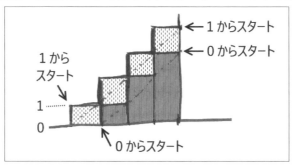

「0」からスタートした場合、足し算は次のように変わります。

$$0 \times 1 + 1 \times 1 + 2 \times 1 \cdots 9 \times 1 = 45$$

この方法でスライスを細かく刻むと、「0.1cm」のとき、

$$0 \times 0.1 + 0.1 \times 0.1 + \cdots 99.9 \times 0.1 = 49.5$$

0.01cmのときは「49.95」、0.001cmのときは「49.995」…といった具合に、こんどは「50」より小さいほうから答に近づきます。

・答はたった1つだけ存在する。
・50.000…5は、50に上から近づいている。
・49.999…5は、50に下から近づいている。

この3点から考えて、真の答は「50」そのものしかあり得ない、という結論に至ります。

3-4　「グラフ」に描けば「面積」となる

　以上、棒のスライスを「グラフ」に描いてみましょう。

　グラフの横軸は「重りを付ける位置」、縦軸は「重りの力のモーメント」(＝(長さ)×(重さ))です。

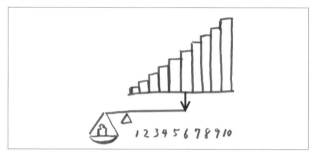

　10分割の場合は、10本の棒グラフになります。

　これが100分割であったなら、100本の細かい棒グラフになります。

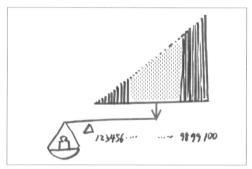

　もっともっと細かく分割すれば、最後にグラフは「三角形の面積」に変わるでしょう。

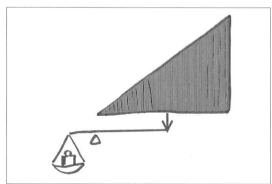

こうして得られた「三角形の面積」が、「積分」の考え方の基礎になります。

「天秤の支点」からの距離を「x」とすると、距離「x」にある棒のスライスが釣り合いのとれる重さは、「x」そのものになります[※2]。

この「x」を"天秤にかける"ことが、「積分」という演算に相当します。

釣り合いのとれる重さ、すなわち棒のスライスを「0」から「x」まで積分した値は、グラフの三角形の面積から、

$$\frac{1}{2} \times (底辺) \times (高さ) = \frac{1}{2}x^2$$

になります。

この演算のことを「積分」と言い、数式に表わすと次のようになります。

$$\int x\, dx = \frac{1}{2}x^2$$

「$\int \cdots dx$」は、「$\cdots$をxについて積分する」という記号です[※3]。

気になるのは「dx」というオマケが付いているところでしょうか。

書式なのだと言ってしまえばそれまでですが、この「dx」には「薄くスライスしたxの幅」という意味が込められています。

式の右辺が「x^2」、すなわち「(重さ)×(長さ)」であるのに対して、式の左辺に「x」が1つしかなかったら、なんともバランスが悪い。

左辺も見掛け上「(重さ)×(長さ)」とするために、微小な長さ「dx」が掛け合わされているのです[※4]。

※2　ただし、「単位あたりの棒の重さ」は「1」、「1cmあたり」ちょうど「1g」であるとしています。

※3　「$\int$」は、「インテグラル」と読みます。語源はラテン語の「和」(Summa)の頭文字です。

※4　「積分の公式」では、上の式に加えて「積分定数」という任意の定数を加えます。この「積分定数」については、**第5章**で触れます。

3-5　「重心」との一致

　ところで、単に棒の釣り合いを考えるのであれば、もっと簡単な方法があります。

　それは、「棒の重心」を求める方法です。

　「長さ10cm」の棒の、重さの中心はどこか。

　当然、中央の「長さ5cm」の点です。

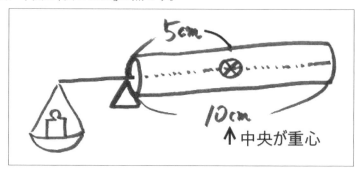

　この、「重さの中心」にすべての質量が集まっているものと考えれば、

> 釣り合いのとれる重さ = 5cm×10g=50cm•g

という答が得られます。

　「なんだ、こんな簡単なことか」と拍子抜けするかもしれませんが、答が重心と一致することで「細かくスライスして足し合わせる」方法の正しさが保証されるわけです。

3-6 「円」を開けば「三角形」に

　棒についての釣り合いが分かったところで、当初の課題であった「回転する缶」を考えてみましょう。

＊

　丸い物体を下の図のように切り開けば、釣り合いは、天秤に取り付けた「三角形」の物体に帰着されます[5]。

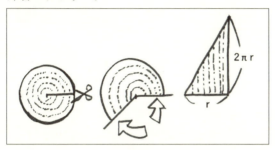

　簡単のため、いったん「2×3.14」という定数を除外します[6]。

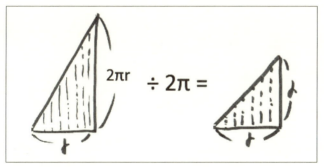

　この物体の釣り合いは、どうやって知ることができるか。

　分かりやすい方法は「重心」です。

　「三角形の重心」は、三本の中線（頂点と辺の二等分線を結んだ線）の交点にあります。

※5　ちなみに、「円の面積」は、この「切り開いた三角形」から求めることができます。

※6　本当の答は、いったん簡単にして計算した後、最後に「2×3.14倍」すれば分かります。

※7　なぜ「1：2」かというと、「中線」は、三角形を等しい面積に分割するから。これは、「中線」で分けた6個の「小さな三角形」の面積が等しいことから分かります。

この「重心」に、三角形の重さのすべてが集まっていると見なしましょう。
「重心」は、中線を「1：2」に内分します[※7]。

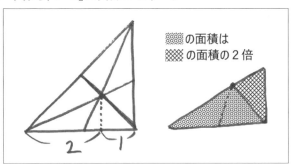

の面積は
の面積の2倍

　ということは、今の場合、三角形の辺の長さの「2/3」の点に、すべての重さがかかることになります。

　三角形の辺の長さを「x」とすると、三角形全体の重さは「三角形の面積」に比例すると考えて、

$$（三角形全体の重さ）= \frac{1}{2}x^2$$

この重さが、「長さ2/3」の点にかかるのですから、

$$釣り合いのとれる重さ = \frac{1}{2}x^2 \cdot \frac{2}{3}x = \frac{1}{3}x^3$$

これが知りたかった答になります。

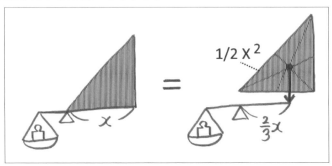

*

「缶」の場合、最終的な答は、先にいったん除外していた「2×3.14」を戻して、

$$（釣り合いのとれる重さ）= 2 \times 3.14 \times \frac{1}{3}x^3 \times （面積当たりの重さ）$$

缶を回すのに必要なトルクは、「半径の3乗」に比例していたわけです。

*

同じ問題を、細かくスライスして考えてみましょう。

三角形を細かくスライスした「重り」に置き換えてみると、

$$（釣り合いのとれる重さ）= 1 \times 1 + 2 \times 2 + 3 \times 3 + 4 \times 4 + 5 \times 5 \cdots$$
$$= x^2 を細かく足し合わせたもの.$$

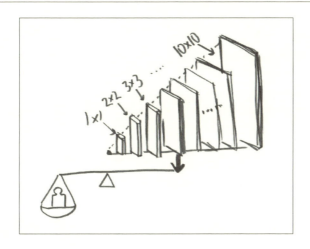

これが、先の重心の結果と等しいことから、次の「積分の公式」が得られます。

$$\int x^2 \, dx = \frac{1}{3}x^3$$

3-7　「べき乗」の「積分公式」

・棒の釣り合い

$$\int x^1 \, dx = \frac{1}{2} x^2$$

・三角形の釣り合い

$$\int x^2 \, dx = \frac{1}{3} x^3$$

2つを並べてみると、この先がどう続くか想像できるでしょう。

$$\int x^3 \, dx = \frac{1}{4} x^4$$

$$\int x^4 \, dx = \frac{1}{5} x^5$$

$$\int x^5 \, dx = \frac{1}{6} x^6$$

…

「一次元(棒)→二次元(三角形)」の次にくるのは、「三次元(四角錐)」です。

二次元の「三角形」と同様に、「三次元」の場合は「四角錐」の重心を考えることで、公式を導くこともできなくはありません。

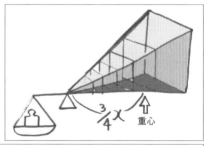

※「四角錐」の重心は、空間的な「中線」を「3：1」に内分します。

ただ、ここで改めて公式を並べてみると、もっとストレートに導く方法があることに気付きます。

*

最初の式、棒の釣り合いは、「三角形の面積」そのものです。

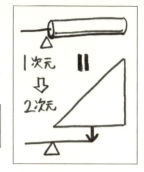

$$\int x^1 \, dx = \frac{1}{2}x^2$$

2番目の式、三角形の釣り合いは、「四角錐の体積」そのものです。

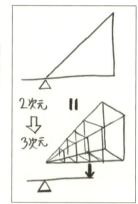

$$\int x^2 \, dx = \frac{1}{3}x^3$$

3番目の式は、もう1つ次元を上げた、四次元空間にある「角錐の体積」のようなものになるでしょう。

$$\int x^3 \, dx = \frac{1}{4}x^4$$

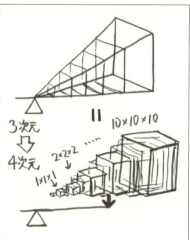

四次元空間にある「超角錐の体積」は、どのようにして分かるのか。

1つ次元を戻って、三次元空間にある「四角錐」が、なぜ「$(1/3)x^3$」になるのか、改めて考えてみます。

　三次元空間の「立方体」（サイコロ）の体積は、一辺の長さを「x」とすると、「x^3」です。

　「立方体」は3つの方向に対して2つずつ面があるので、合計6枚の面で囲まれています。

　「立方体の中心」を頂点として、6枚の面を底面とすれば、「立方体」は6個の「角錐」に分けることができます。

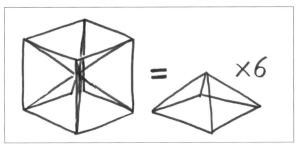

　なので、1個の「角錐」の体積は、もとの立方体全体の「1/6」です。

　一方、「角錐」の高さは、もとの立方体の半分なので、高さをもとに戻せば、体積は「2倍」に増えます。

　結局のところ「角錐の体積」は、角錐を囲む直方体の「1/3」になります。

＊

　同じ議論は、次元をもう1つ戻して、「二次元の正方形」に対する三角形の面積にも当てはまります。

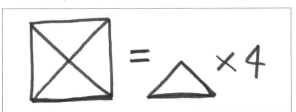

　2次元の「立方体（＝正方形）」は、中心を頂点とする4つの「三角形」に分割できるので、1個の「三角形」の面積は正方形の「1/4」。

　しかし、「三角形の高さ」は正方形の半分なので、結局のところ「三角形の面積」は、三角形を囲む長方形の「1/2」です。

では、「四次元空間」ではどうなるか。

四次元の「超立方体」のもつ面(表面体？)の数は、「2n＝8枚」。

「超立方体」を「超角錐」に分割すれば、8個の「超角錐」ができます。

それぞれの「超角錐の高さ」は、もとの超立方体の半分だから、結局のところ「超角錐の体積」は、超角錐を囲む超直方体の「1/4」です。

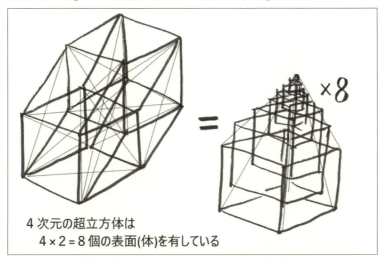

4次元の超立方体は
4×2＝8個の表面(体)を有している

この、「超立方体」「超角錐」の関係は、次元がいくつ増えても変わりません。「n次元」の場合、超角錐の体積は、超直方体の「$1/n$」になります。

＊

かくして、一般的な「べき乗の積分公式」が導かれます。

$$\int x^n\, dx = \frac{1}{n+1}x^{n+1} \quad (n=1,2,3\cdots)$$

「べき乗の積分公式」の意味は、「とある次元における単位図形(立方体)のスライスを小さいほうから順に並べて足し合わせ、1つ上の次元の体積を作る」ことです。

・線を並べて面にする(三角形の面積は1/2)。

・面を並べて体にする(四角錐の体積は1/3)。

・体を並べて超体にする(立方体錐の超体積は1/4)。

・超体を並べて超超体にする(超立方体錐の超超体積は1/5)。

・・・

このリストの先頭に、

・点を並べて線にする（線の長さは1/1）。

を付け加えるのは自然でしょう。

$$\int x^0 \, dx = \frac{1}{1}x^1 = x$$

「x^0」は、「1」と定義されます。

なぜ、「x^0」が「1」なのか。

むしろ話は逆で、「1」とすれば積分公式に違和感なくマッチすると考えたわけです。

3-8　（補足）「テコの原理」と「慣性モーメント」の違い

　ここで少し本筋から外れますが、回転運動の"回しにくさ"を示す量として「慣性モーメント」があります。

　「慣性モーメント」の定義は、「（半径）×（半径）×（質量）の積算値」です。
　一方、上で「テコの原理」からスタートした「力のモーメント」（トルク）は「（半径）×（力）」の積算値であり、「慣性モーメント」と較べて「×（半径）」が1個足りません。

＊

　すでに「円盤の慣性モーメント」をご存じの方は、上で導いた「トルクは半径の3乗に比例する」という結果に違和感を覚えたかもしれません。
　なぜ「慣性モーメント」は「半径」に比例するのではなく、「半径の2乗」に比例するのか。
　それは、「テコの原理」が静的な釣り合いを考えているのに対し、「慣性モーメント」は一定の角度で回転させる「動的な釣り合い」を考えているからです。

　「テコの原理」で釣り合った状態からスタートしましょう。

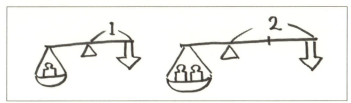

　一方の「腕の長さ」が2倍であれば、それに釣り合う「重りの重さ」は2倍になります。
　ここまでで、まず「×（半径）」が1個。

　次に、これを同じ回転速度まで加速することを考えてみます。
　もし釣り合うだけの力（トルク）で回したなら、両者の速度は"直線コースで"等しくなります。

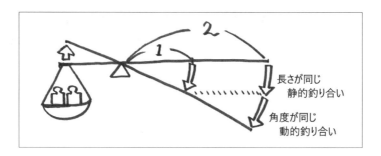

長さが同じ
静的釣り合い

角度が同じ
動的釣り合い

　「腕の長さ」が2倍になったとき、「回す力」は2倍になりますが、「回る角度」が半分になっているので、「加えた仕事の大きさ（力）×（長さ）」は1倍の場合と等しいのです。

　もし「腕の長さ」を2倍にして、かつ同じ角度だけ回そうと思ったなら、加える仕事の大きさも2倍でなければなりません。

　つまり、もう1個「×（半径）」が必要です。

　単位時間内に回る角度の大きさを「角速度」と言います。

　慣性モーメントとは、「角速度」を基準に"回しにくさ"を数値化した量なのです。

　一方、「力のモーメント」（トルク）は静的な釣り合いを基準とした量なので、両者には「×（半径）」だけの違いがあります。

3-9　　　　「エネルギー」は「力」の「積分」

「アルキメデスの天秤」に始まる「積分」には、まず"物体の回転"という応用があります。

ただ、これは「積分」の使い方のひとつにすぎません。

物理的な応用の上で避けて通れないのは、"エネルギーの数え方"です。

ある物体に力学的に蓄えられた「エネルギー」は、「加わった仕事」を「移動距離」について足し合わせたものです。

物体に加わる「力」と「移動距離」は途中で変化することもあるので、足し合わせは「積分」に頼らざるを得ません。

①「バネ」のエネルギー

「バネ」を引き延ばしたとき、「バネ」に溜まったエネルギーはどれだけになるか。

ただし、「バネ」を引っ張る力の大きさは、「バネの長さ」に比例するものとします(フックの法則)。

この問題は、実は上の「天秤の問題」とまったく同じです。

・天秤の場合、「釣り合う重さx」は、「腕の長さx」に比例する。
・バネの場合、「引っ張る力x」は、「バネの長さx」に比例する。

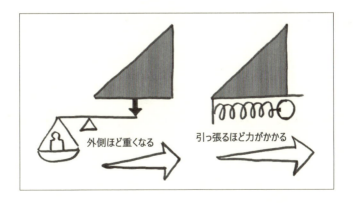

外側ほど重くなる　　　　引っ張るほど力がかかる

「エネルギー」というものを「引っ張った力の合計」であると考えるなら、バ

ネに溜まったエネルギーは、天秤において棒と釣り合う重りの重さと同じ数式で表わされるはずです。

$$（バネに溜まったエネルギー）= \int x \, dx = \frac{1}{2}x^2$$

バネには「固いバネ」（＝強い力でないと伸びないバネ）と、「柔らかいバネ」（＝弱い力でも伸びるバネ）の違いがあります。

天秤に置き換えて考えると、「バネの固さ」は「棒の太さ」（＝1cmあたりの棒の重さ）に対応します。

もし「バネの固さ」が2倍だったなら、引っ張る力も2倍になるので、バネに溜まったエネルギーも2倍になります。

これは、天秤において「棒の太さ」が2倍になったのと同じことです。

「バネの固さ」のことを「バネ定数」と言い、数式の上では比例定数「k」で表わします。

$$（バネに溜まったエネルギー）= \int kx \, dx = k\int x \, dx = k\frac{1}{2}x^2$$

ここで覚えておきたい「積分」の計算ルール、「定数は積分の外にくくり出すことができる」。

なぜなら、「定数」とは「天秤の棒の太さ」を変えただけのことだからです。

②運動エネルギー

バネに溜まったエネルギーの考え方は、そっくりそのまま「運動エネルギー」にも当てはまります。

先に結果を示せば、「運動エネルギー」とは次のように求められます。

$$（運動エネルギー）= \frac{1}{2}mv^2$$

m：質量

v：速度

たしかにバネと同じ式の形をしています。

ここで不思議に思うのは、運動の場合、バネのように力を変えていないのに、結果がバネと同じになるということでしょう。

一様に加速したなら、「運動エネルギー」は直感的には速度に比例するように思えるのですが、なぜ「速度の2乗」となるのでしょうか。

＊

「運動エネルギー」について間違いやすいのは、

> 「時間」について足し合わせるのではなく、「距離」について足し合わせる

という点です。

「エネルギー」についてよくある誤解は、「力を一定の"時間"にわたって足し合わせた結果ではないか」という思い込みではないでしょうか。

この思い込みは、おそらく日常行なっている仕事の感覚に由来するのだと思います。

たとえば、重たい荷物を持ち続けるのは相当の仕事ですし、汗もかけば疲れもするでしょう。

しかし、ただ荷物を支え続けただけでは、荷物に加わった「エネルギー」はゼロであり、疲れたぶんの仕事は無駄に体温を暖めただけに過ぎません。

わざわざ人間が手を下すくらいなら、さっさと台なり机なりに置いてしまえというのが、物理的に認められた「エネルギー」の数え方なのです。

たとえどんなに長時間力を加えても、物体が少しも動かなければ、結果は「0」にしかなりません。

もし「(力)×(時間)」で「エネルギー」が溜まるのであれば、机の上に荷物を置いておくだけで、重力によってどんどん「エネルギー」が増えることになるでしょう[8]。

※8　力を一定の時間に渡って足し合わせた量、「(力)×(時間)」は、「力積」という運動量の変化を表わす量になります。
　この「力積」は、「エネルギー」とはまた別の概念です。

「エネルギー」は途中の経過によらず、「結果の状態」のみで決まらなければなりません。

それゆえ、「エネルギー」は結果に現われる「(加えた力)×(動いた距離)」によって評価されるのです[9]。

＊

一定の力を加え続けて、物体を加速した状況は、以下のようになります。

同じ力を加えたにもかかわらず、スタート直後は少ししか動かず、後になればなるほど長い距離を動きます。

ということは、同じ力であってもスタート直後はエネルギーになりにくく、後にいけばいくほど、効率良くエネルギーの値を押し上げることになります。

実際走ってみると、スタート時には大きな力が必要だけれども、勢いに乗ったところでスピードを維持するのは案外楽だという体験が、きっとあることと思います。

「時刻」を縦軸に、「位置」を横軸に加速の状況のグラフを描き直せば、こうなります。

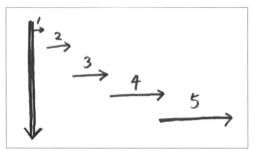

「運動エネルギー」は「(力)×(動いた距離)」なので、ここに描いた小さな矢印の合計です。

---

[9]　たとえば、速度の大きさが同じで向きだけが異なる2つの物体の場合、「運動量」は異なりますが、「運動エネルギー」は同じです。

数えやすいように、矢印を左側に集めてそろえましょう。

つまり、「運動エネルギー」とは、この矢印が成す三角形の面積です。

三角形の底辺の長さは速度「v」、三角形の高さは速度「v」に比例するので「mv」としましょう。

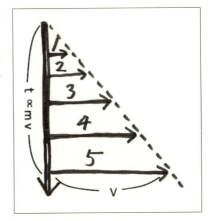

すると、

$$運動エネルギー = 三角形の面積 = \frac{1}{2}mv^2$$

になります。

この比例係数「m」は、物体の質量「m」そのものです。

というより、この「比例係数」のことを「質量」と呼んでいるのです。

「バネのエネルギー」も、「運動エネルギー」も、その心はどちらも同じ「三角形の面積」にあります。

それゆえ公式も同じ形をしています。

③位置エネルギー

物体を高いところに持ち上げるには仕事が必要ですが、元の高さに戻すとき、加えた仕事は戻ってきます。

それゆえ、高いところにある物体は、ある種のエネルギーを有していると考えられます。

それが「位置エネルギー」です。

「位置エネルギー」の数え方は、一定の重力を「積算」するので、次の「積分公

式」が使えます。

$$\int x^0 dx = \int 1 dx = \frac{1}{1} x^1 = x$$

「位置エネルギー」では「物体に働く力」を積算するのですから、単純に1を積分するのではなく、「(力) = (物体の質量) × (重力に比例する定数)」を積分します。

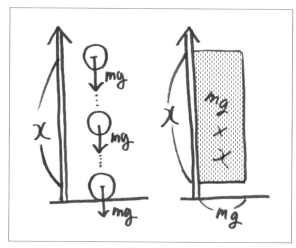

$$\int mg\, dx = mgx$$

　　m：質量

　　g：重力加速度

　　x：高さ

「わざわざ積分しなくても結果は分かるではないか」と思うかもしれませんが、ことはそれほど簡単ではありません。

＊

高校までの物理であれば、「位置エネルギー」とは、「重力とちょうど釣り合うだけの力で引っ張った仕事の合計である」と説明されることと思います。

しかし、「ちょうど釣り合うだけの力」であれば、物体に働く力は「ゼロ」の

はずです。

その「ゼロ」を、どんなに足し合わせたところで、結果は「ゼロ」になるはずでしょう。

あるいは、上に引っ張るときは、釣り合うよりもほんの少しだけ強い力で引っ張っているのではないでしょうか。

だとすると、「位置エネルギー」は式が示す値よりもほんの少しだけ大きくなるのでは？

こうした悩ましい議論は、実は、すべて「積分」という操作が受け持っているわけです。

「位置エネルギー」の場合、次の3点から答は1つに定まります。

・「位置エネルギー」の値は、ただ1つだけ存在する。
・「持ち上げるのに必要な力」は、「重力」にちょうど釣り合うだけの力よりも、ほんの少しだけ大きい。
・反対に、「下げるときに支える力」は、「重力」にちょうど釣り合うだけの力よりも、ほんの少しだけ小さい。

「上極限」と「下極限」が一致する答は、式で示した値以外あり得ない。

この議論は、「天秤の釣り合い」で議論した内容とまったく同じです。

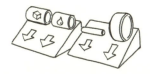

まとめ 「積分」は細かい「スライス」の足し合わせ

"限りなくゼロに近いスライス"を足し合わせる過程には、「積分」の概念が欠かせません。

「エネルギー」のように、物理的に連続的な操作を積算した結果は、すべて「積分」の所産です。

・「積分の公式」とは、「n次元立方体」から切り出した「n次元錐」の体積。

$$\int x^0 dx = \frac{1}{1}x^1 \qquad \text{-- 一次元の長さ}$$

$$\int x^1 dx = \frac{1}{2}x^2 \qquad \text{-- 三角形の面積}$$

$$\int x^2 dx = \frac{1}{3}x^3 \qquad \text{-- 四角錐の体積}$$

$$\int x^3 dx = \frac{1}{4}x^4 \qquad \text{-- 四次元立方錐の体積}$$

$$\cdots$$

$$\int x^n dx = \frac{1}{n+1}x^{n+1} \quad (n = 1,2,3\cdots)$$

・「エネルギー」とは、「力」を一定距離に渡って積分したもの。

$$\text{(バネに溜まったエネルギー)} \qquad \int kx\, dx = \frac{1}{2}kx^2$$

$$\text{(運動エネルギー)} \qquad \int mv\, dv = \frac{1}{2}mv^2$$

$$\text{(位置エネルギー)} \qquad \int mg\, dx = mgx$$

ただし、ここでは「積分定数」を省略しています(詳細は**第5章**を参照)。

第4章

「加速度」は自らに由る

> 　物理学には、たとえ頭で分かっていても、感覚と
> して受け容れ難い概念がいくつも登場します。その
> 最たるものが、「加速度」です。
> 　にもかかわらず、「加速度」は物理における力の定
> 義であり、出発点となる基本概念です。
> 　「加速度」の直観的な理解、これが物理学最初の難
> 関と言えます。

4-1　　「運動の法則」は異端の感覚

　「ニュートンの運動方程式」とは、高校で「運動の法則」として教わる物理学
の基礎中の基礎です。

■ ニュートンの運動方程式

$$\vec{ma} = \vec{F} \cdots ①$$

　　m[kg]：質量（**m**ass）

　　$\vec{a}$[m/s^2]：加速度（**a**cceleration）

　　F[N]：力（**f**orce）

　加速度の大きさ「a」は、加えた力の大きさ「F」に比例する
　加速度の大きさ「a」は、質量「m」に反比例する

　　　　　　　　　　　　　　　—高等学校教科書　物理基礎［数研出版］より

　基礎なのだから、分かっていて当然、「1＋1＝2」くらい自明の理なのかと
いうと、決してそんなことはありません。

それどころか、この物理の出発点、人が自然に抱く感覚とはまったく相容れません。

その意味するところを正しく読み取るならば、「そんなバカな！」と叫びたくなるのが、むしろ正常な感覚です。

ここに、物理の難しさがあります。

出発点からいきなり（まっとうな感覚を大切にする人にとって）難しいのです。

では、どういった法則あれば人の感覚にマッチするのか。

方程式に書き下せば、こうなります。

■ 感覚にマッチする(しかし物理的に合わない)運動方程式

$$m\vec{v} = \vec{F} \cdots ②$$
$$\vec{v}[\text{m} / \text{s}] \quad 速度（velocity）$$

・速度の大きさ「v」は、加えた力の大きさ「F」に比例する。

①との違いは、加速度「a」が速度「v」となったところです。

たった1文字であっても、この違いは劇的です。

力が「0」のとき、②の（感覚的に正しそうな）方程式では「速度＝0」になり、物体は静止します。

つまり、力を加え続けないと物体は止まるという、極めて常識的な結果が得られます。

しかし、①の（物理的に正しいとされている）方程式では、力が0なら「加速度＝0」ですが、速度は0とは限りません。

つまり、

「力」と「速度」とは直接何の関係もなく、物体は一定速度で動いていてもかまわない

という結果が得られます。

それが「慣性の法則」です。

＊

どちらが現実に即しているかと問われれば、よほどのひねくれ者でない限り、②の方程式を支持するのではないでしょうか。

事実、人類は数百年 〜 ひょっとすると数千年という長い間、②の方程式の内容を正しいものと信じてきました。

高速を維持するには、それだけ大きな力を加え続けなければなりません。

自動車だって、ランニングだってそうです。

通常の三倍のスピードで飛んできたら、三倍のパワーがあると推測したくなるのが人情です。

＊

実際、「運動の法則」が異端の感覚であることを、あまたのユーザーインターフェイスが示しています。

一例として「クレーンゲーム」を取り上げましょう。

もし「ニュートンの運動法則」に忠実にボタンを作ったなら、以下の操作が自然だということになります。

・ボタンを一度押せば、その後ボタンを放しても、クレーンは動き続ける。

・ボタンを押したまま離さなければ、クレーンはどんどん加速し続ける。

・動きを止めるには、反対方向のボタンを押さなければならない。

・反対方向のボタンを、ちょうど同じだけ押せばクレーンは止まる。

・反対方向のボタンを押しすぎると、クレーンは勢い余って反対に動き始める。

・なのでクレーンを静止させることは、かなり難しい！

もし「運動の法則」に忠実なクレーンゲームがあったなら、おそらく何ひとつキャッチできないでしょう。

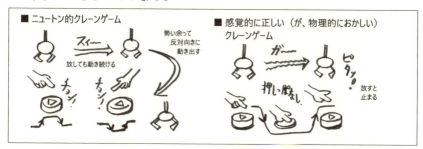

　あるいはRPGゲームでも、フィールド内のキャラクター移動は次のように
なるはずです。

・方向ボタンをチョンと1回押したら動き出し、

・押し続けるとどんどん速くなり、

・ボタンから指を離しても止まらない。

　この操作が、正しい物理法則を反映していることになります。

　「加速度が力に比例する」という法則は、それほどまでに奇妙で受け容れが
たい事実だったのです。

4-2 「加速度」と「速度」はどう違うのか

「加速度」と「速度」の違いをはっきりさせるには、次の質問に答えるのが最も手っ取り早いでしょう。

物体のとある瞬間の運動を記述するには、最低何枚の写真が必要か。

答は3枚。

「位置」「速度」「加速度」に対応する3枚の写真が必要です。

とある物体が運動している瞬間を写真に収めたなら、その瞬間の位置ははっきりしますが、物体がどちらに動いているかまでは分かりません。

自動車の写真であれば、前に進んでいるのかもしれませんし、ひょっとするとバックしているのかもしれません。

どちらの向きに進んでいるかを見分けるには、時間をズラした2枚の写真が必要です。

では、2枚あれば充分なのか。

実は2枚ではまだ写真に写っていないものがあります。

それは、「物体に加わる力」です。

自動車であれば、アクセルを踏んでいるか、ブレーキを踏んでいるかの見分けがつかない。

それを知るために、もう1枚の写真が必要です。

1〜2枚目の写真の差分に比べて、2〜3枚目の差分のほうが大きければ加速、小さければ減速の最中です。

3枚の連写となってはじめて、「位置」「速度」「力」のすべてが分かります。

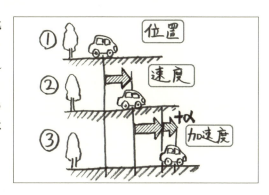

・「位置」とは、1枚の写真から分かる量。
・「速度」とは、2枚の写真の差分から分かる量。
・「加速度」とは、3枚の写真の差分から分かる量。つまり「差分の差分」。

　3つ揃って初めて運動が記述できる、というのが「運動の法則」の考え方です。
　感覚的には2枚目の速度まで知っていれば充分ではないかと思えるのですが、それでは不十分で、3枚目の加速度が力になるところに運動の難しさがあります。

＊

　ならば、4枚目もあったほうがよくはないか。
　いっそ5枚目、6枚目と増やせば増やすほど正確なのではないか。
　ところが、力学では、3枚で必要十分であると考えます。
　力が働いたなら、必ずそのぶんだけどこかに影響が出るからです。
　「力」とは、2つ以上の物体の間に働く相互作用です。
　もし物体が加速（減速）したなら、その写真に写っている物体以外に、力を及ぼした"犯人"がいるはずです。
　であれば、3枚目以降は写真の数を増やすのではなく、犯人探しをしたほうが、より効率良く現象を記述できるでしょう。

　たとえば、「自動車」であれば、アクセルをより強く踏み込もうとした運転手の心理や脳内の働きに原因を求めるべきです。
　それが力学の方法です。

　「力学の方法」とは、「最低限必要な写真の枚数＋物体同士の相互作用」によって、運動を記述する試みです。
　2枚の写真では力が読み取れないので、「相互作用」が分かりません。
　3枚で力が読み取れたなら、そこまでで充分。
　あとは「相互作用」の中身を追求すべきで、写真の枚数はそれ以上増やしても意味がありません。

　「力が働いたなら、必ずその分だけどこかに影響が出る」という考え方は、「作用・反作用の法則」から導かれます。

■ ニュートンの運動3法則

・**法則1**
　すべての物体は、それに加えられた力によってその状態が変化させられない限り、静止あるいは一直線上の等速運動の状態を続ける。

・**法則2**
　運動の変化は加えられた機動力に比例し、かつその力が働いている直線の方向にそって行なわれる。

・**法則3**
　すべての作用に対して、等しく、かつ反対向きの反作用が常に存在する。
　すなわち、互いに働き合う二つの物体の相互作用は常に相等しく、かつ反対方向へと向かう。
　　　　　　　　—訳は「チャンドラセカールのプリンキピア講義」による

　3つの法則はそれぞれ、「慣性の法則」「運動の法則」「作用・反作用の法則」と呼ばれています。

　並べて見ると、「第1法則」は「第2法則」の「$F=0$」の場合なので不要ではないか、と思うかもしれません。
　しかしそれは、物体が静止した状態があるのが当然と思い込んでいるからであって、本当に静止あるいは一直線上の等速運動の状態が在るかどうかは、必ずしも自明ではありません。
　ひょっとすると宇宙全体がどこもかしこも回っていて、「静止」とは幻想かもしれないのです。

　「そうではない、運動の基準となる系(慣性系)はたしかに存在するのだ」と宣言したのが「第1法則」の意義です。
　そこまで考えると、この3つの法則が、実に注意深く選ばれていたことに、改めて感心させられます。

4-3　なぜ「加速度」が本質なのか

「速度」ではなく、「加速度」が本質的に力と結びつく理由は何でしょうか。

それは、「加速度」が"自らに由る"からです。

もちろん物理であるからには、「実験したらそうなった」というのが最後の拠り所なのですが、ある程度納得のゆく解釈を付け加えることは可能です。

いま、宇宙を航行している宇宙船の運動を、地球に対して相対速度「V」で運動している別の星から眺めたことを考えてみましょう。

すると、地球から見て速度「v」だと信じていた宇宙船が、よその星からすれば、実は速度「$(v+V)$」で運動していたのだ、ということになります。

このとき地球とよその星とでは、どちらが正しいのでしょうか。

「どちらの見方も対等であり、どちらもそれぞれ正しい」とするのが物理の見方です。

一定速度で動いている星は、その星自身にとっては静止しています。

しかし他の星から見れば同時に動いているので、ある意味「静止＝一定速度」なのです。

「速度」というものは見る立場によって変わる相対的な値でしかなく、それ自体では絶対的な意味をもち合わせていません。

「絶対的な意味をもたない」とは、物体同士が直接相互作用を交わさなくても、見方を変えるだけで値はどうにでも変わり得る、ということです。

では、運動において「絶対的な意味をもつ値」とは何なのでしょうか。

要は、他の星との比較を基準とするから確固たる値が定まらないわけで、他に頼らず、自分自身の内なる基準をもっていれば、それはたしかに固有の

意味をもつはずです。

「内なる基準」とは、「自身の過去との比較」に他なりません。

過去の自分自身と比べて、現在の自分が成長したのか、変わっていないのか、衰退したのか。

これだけは、周囲がどうあれ、1個の運動それ自身で完結した値をもち得ます。

「加速度」とは、まさにそういうもので、「直前の過去の運動」と「現在の運動」とを比較した、成長の証だったというわけです。

過去の自分と比べてどれだけ変化したか。周囲がどうあれ、変化には絶対的な意味がある。

では、「成長変化」は何によってもたらされるのか。

それは、「外から働きかける力」によってもたらされます。

他に何の変化も与えることなく自己完結的に、突如加速したり、減速することはありえません。

変化には必ず他との「相互作用」があり、「作用」を通じて互いが同じだけ変化する。

それが「作用・反作用」の教えです。

＊

「自由」とは、"自らに由る"と読みます。

筆者はこの言葉を見るにつけ、「運動の法則」とは「自由」のことであったかと、思いを新たにしています。

・「速度」は見る立場によって異なるため、「絶対的な量」ではない。

・「運動」における「絶対的な量」を探せば、それは自らに由する加速度となる。

・そう思えば、「加速度」が「相互作用」の結果であることによく符合する。

4-4　自然なキャラクター移動

　日常生活で最も手軽に加速を体感する方法は、「スポーツカー」や「ジェットコースター」でしょうか。

　それもありますが、デジタル・ゲーム全盛の今日では、実は「ゲーム・キャラクターの移動」だろうと思います。

　というのもゲーム・キャラクターは、自然な運動を上手く模倣せざるを得ないものだからです。

　コントロール・ボタンを使って、どのようにキャラクターを動かせば、違和感のない自然な動きに見えるのでしょうか。

＊

　デジタル・ゲームでは、アニメーションの画面を1回書き換える時間を、「1フレーム」と呼んでいます。

　1秒間に画面を60回書き換えるアニメーションの場合、「1フレーム＝1/60秒＝約0.0167秒」。これがゲーム内時間の最小単位になります。

＊

　さて、「ゲーム・キャラクター」の動かし方ですが、いちばん簡単なのは「ボタンを押している間、キャラクターを一定の距離だけ移動する」方法でしょう。

■ 簡単な(しかしぎこちない)キャラクター移動

・ボタンを押している間、キャラクターは「一定速度＋3」で移動する。
・1フレーム後、キャラクターの位置は「0＋3＝3」。
・2フレーム後、キャラクターの位置は「3＋3＝6」。
・3フレーム後、キャラクターの位置は「6＋3＝9」。

・・・

　ところが、実際にこの通りプログラミングすると、あまり自然な動きには見えません。

　特に、ボタンを押した瞬間に、どことなく機械的な、ぎこちない動きに感じられます。

＊

　一定の距離だけ移動することの、どこが不自然なのでしょうか。

　「一定距離の不自然な動き」と「物理的に自然な動き」の違いは"加速"にあり

ます。

　たとえば、高級車がホテルの前に滑るように停車する様子を想像してみてください。

　あるいは、列車がプラットフォームから発車する様子でもいいでしょう。

　自然な物体は、トップスピードから瞬時に停止したり、いきなり0からトップスピードになったりはしません。

　速度は必ず一定の時間をかけて、連続的に変化します。
(連続的に変化しないのは「衝突事故」です)。

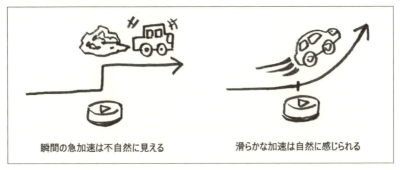

瞬間の急加速は不自然に見える　　　滑らかな加速は自然に感じられる

　では、どのようにプログラムすれば自然な動きになるのか。

　上手な方法は、「速度を少しずつ加えていく」ことです。

■ 加速のあるキャラクター移動

・ボタンを押した最初のフレームでは「速度0」(キャラクターの位置は「0」)。
・1フレーム後には、速度に「+1」して、「速度1」(キャラクターの位置は「0 +1＝1」)。
・2フレーム後には、速度に「+1」して、「速度2」(キャラクターの位置は「1 +2＝3」)。
・3フレーム後には、速度に「+1」して、「速度3」(キャラクターの位置は「3 +3＝6」)。

・・・

　このように、速度自体を徐々に大きくすることで、滑らかで自然な動きが実現できます。

　これが「加速」の感覚です。

　上の例では1フレームごとに速度が「＋1」ずつ増えているので、「加速度＝＋1」です。

　ブレーキをかけるときは逆に、速度を少しずつ小さくすることで滑るような停止が実現されます。

　その場合は、速度が減っていくので、「加速度＝－1」です。

4-5　　　「宇宙」と「地上」と「ゲーム」の違い

運動を理解する上で、私たちは3つの異なる世界に直面しています。
「宇宙」と「地上」と「仮想現実」です。

---

①「宇宙空間」のように、摩擦や空気抵抗の極めて少ない理想的な世界。
②摩擦や空気抵抗のある、「地上」の現実的な世界。
③ゲームの中の、人の感性を中心に据えた「仮想世界」。

物体に一定の力を加え続けたとき（つまりボタンを押し続けたとき）、これ
ら3つの世界で、どのように振る舞いが異なるのか較べてみましょう。

①宇宙

「一定の力」を加え続けると、物体はどこまでも加速を続けます。
下の表は、時刻1秒につき、速度が1単位ずつ（1m/sずつ）増えるものとし
て、「物体の位置」を算出したものです。

時刻	加速度	速度	位置
0	1	0	0
1	1	1	1
2	1	2	3
3	1	3	6
4	1	4	10
5	1	5	15
6	1	6	21
7	1	7	28
8	1	8	36
9	1	9	45
10	1	10	55

「位置」にある数字は、物体が、スタートからどれだけの距離進んだかを示
したものです。
たとえば、「3秒後の位置」は、

（1秒後の速度）＋（2秒後の速度）＋（3秒後の速度）＝1＋2＋3＝6

です。

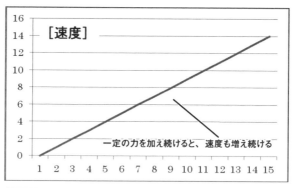

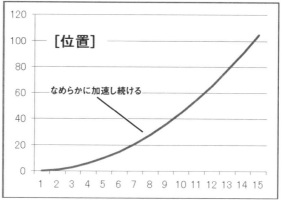

②地上

　地上は宇宙と違って、「摩擦」や「抵抗」に囲まれています。

　「抵抗」には、さまざまな種類がありますが、ここでは「速度に比例する抵抗」が加わるものとして計算しました。

時刻	加速度	抵抗	速度	位置
0	1	0.0000	0.0000	0.0000
1	1	0.0000	1.0000	1.0000
2	1	−0.5000	1.5000	2.5000
3	1	−0.7500	1.7500	4.2500
4	1	−0.8750	1.8750	6.1250
5	1	−0.9375	1.9375	8.0625
6	1	−0.9688	1.9688	10.0313
7	1	−0.9844	1.9844	12.0156
8	1	−0.9922	1.9922	14.0078
9	1	−0.9961	1.9961	16.0039
10	1	−0.9980	1.9980	18.0020

宇宙の表と較べて、「抵抗」の列が増えています。

ここでは速度の半分が「抵抗力」となるものとして、「加速度」から引き算しています。

たとえば、3フレーム後であれば、次のような計算になります。

（抵抗力）

＝（1つ前の2フレーム後の速度）×（半分が抵抗となる）

＝ 1.5 × 0.5 ＝ 0.75

（3フレーム後の速度）

＝（2フレーム目の速度）＋（一定の力による加速）－（抵抗力）

＝ 1.5 ＋ 1 － 0.75 ＝ 1.75

（3フレーム後の位置）

＝（2フレーム目の位置）＋（3フレーム目の速度）

＝ 2.5 ＋ 1.75 ＝ 4.25

速度が遅いとき、「抵抗」はまだ小さいので、物体は力を加えただけ加速を続けます。

速度が速くなるにつれ、「抵抗」は徐々に大きくなり、最後には「加えた力」と「抵抗」が釣り合います。

これが、速いほど力が必要とされる地上の常識です。

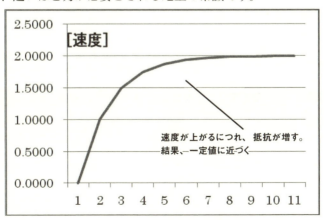

速度が上がるにつれ、抵抗が増す。
結果、一定値に近づく

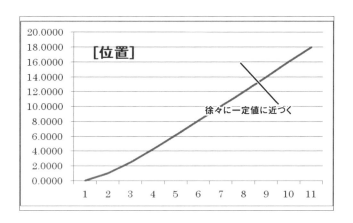

③仮想現実

「ゲーム」の世界は、理想的という点で、「宇宙」に近いところです。

ボタンを押してから一定のスピードに乗るところまでは、「ゲーム」と「宇宙」で動きは一緒です。

しかし、そのまま「宇宙」の動きをゲームに当てはめると、物体はあっという間に加速して、画面をハミ出してしまいます。

そこでゲームでは、一定のスピードに達したら加速を打ち切って、「直線的な等速運動」に移行する処理を行なっています。

もちろん「ゲーム」は作り方次第なので、「宇宙」に似せることも、地上に似せることも可能です。

それでも多くの「ゲーム」では、プレイヤーにとって最もコントロールしやすいという理由から、あえて「宇宙」でも「地上」でもない、独自の動きを採用しています。

時刻	加速度	速度	位置
0	1	0	0
1	1	1	1
2	1	2	3
3	1	3	6
4	1	4	10
5	1	5	15
6	0	5	20（ここで加速を打ち切る）

7	0	5	25
8	0	5	30
9	0	5	35
10	0	5	40

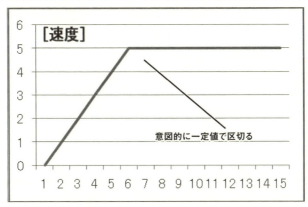

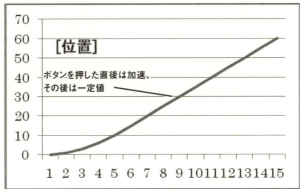

　昨今のデジタル表現はよくできていて、「ニュートン力学」を知りつつ、あえて「運動の法則」を崩した表現が随所に見られます。

　たとえば、

・自分の撃った弾やパンチの「運動量」が、敵のそれより一様に大きい。
・巨大なドラゴンの質量が、他の物体よりも大きく設定されている。
・「運動の法則」から外れることで、「UFO」のような違和感が醸し出される。
などなど。

　こうした運動のデフォルメ表現を探すのも、「デジタル・ゲーム」の楽しみ方の1つでしょう。

4-6　計算すれば「積分」になる

　「宇宙」と「地上」と「ゲーム」、3つの異なる世界があると知った上で、それでも物理の計算は「宇宙」から出発します。

　「地上」と「ゲーム」は、「宇宙」に要素を付け加えることで構成できますが、逆に「宇宙」を「地上」と「ゲーム」から構成するのは困難だからです。

　それが、たとえ日常感覚から乖離しようとも、「宇宙」を基本法則にもってきた理由です。

*

　「宇宙」で一定加速を行なった結果は、次のようになっていました。

```
1秒後：1＝1
2秒後：1＋2＝3
3秒後：1＋2＋3＝6
4秒後：1＋2＋3＋4＝10
　　　・・・
```

　これをグラフに描けば、次のような形になります。

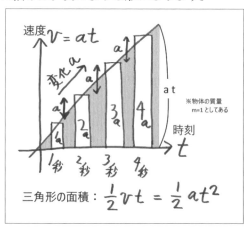

　物体の位置は「速度の足し合わせ」ですから、グラフの上では「面積」に等しくなります。

　この「面積」の計算方法は、前の章で見た"天秤の釣り合い"や"エネルギーの積算"にそっくりです（**第3章**）。

つまり運動する物体の位置は、「積分」によって求めることができます。

$$\int x^1 dx = \frac{1}{2}x^2$$

「積分」といっても、今の場合、話は簡単で、要はグラフ上の「三角形の面積」です。

$$（位置）=（速度の「積分」）=\frac{1}{2}\times（速度）\times（時間）$$

今の場合、一定の力で加速しているので、（速度）は（時間）に比例しています。

「加速度」は力が強いほど大きく、重い物体ほど動かしにくいので、

$$（位置）=\frac{1}{2}\times（比例定数）\times（時間）\times（時間）=\frac{1}{2}\frac{a}{m}t^2$$

a：加えた力に比例する数

m：質量

t：時間

これが「物体の位置」を示す結論の式です。
「位置は、時間の2乗に比例する」と読み取れます。

「積分」とは、「加速度の足し算を連続的に、一気に行なう計算」です。
・「加速度」を積分すると「速度」になり、
・「速度」を積分すると「物体の位置」になる。

種明かしをすれば、これが「ニュートンの運動法則」に基づく、物体の運動の計算方法の"すべて"です。
動力学には、状況の複雑さに応じて、さまざまな問題設定があり得ますが、原理にまで遡るなら、動力学の計算は、すべて2回の「積分」に帰着されます。
＊
以上で「宇宙」における加速の話は一段落なのですが、「地上」の世界にも、「宇宙」での加速とそっくりの状況があります。

それが「物体の自由落下」です。

「自由落下」とは、「重力」という一定の力が物体に働き続ける状況です。
しかも「重力」に比して、「抵抗」はさしあたり無視できるほどに小さい（状況を作り出すことができます）。

およそ物理の教科書がまっさきに「自由落下」を取り上げるのは、こうした事情ゆえです。

＊

「自由落下」の場合、上の式にあった (a/m) という比例定数が、ただ1つの「重力加速度」に置き換わります。

$$（位置）= \frac{1}{2}gt^2$$

g：重力加速度

この「時刻の2乗」という式の形から、空中に投げた物体は「放物線」を描くという帰結を得ます。

4-7 なぜ「同時」に落ちるのか

なぜ「重力加速度」は「g/m」ではなくて、「質量」に関係しないのか。

言い換えれば、なぜ「重い物」と「軽い物」は同時に落ちるのか。

その理由は、「慣性質量」と「重力質量」の区別がつかない事実に求められます。

＊

「物体の動かしにくさ」つまり「同じ力を加えたときの加速度の違い」は、物体の質量に比例します。

これを「慣性質量」と言います。

「物体が地球に引かれる強さ」もまた、物体の質量に比例します。

これを「重力質量」と言います。

「自由落下」の場合、「動かしにくさ」と「地球に引かれる強さ」が互いにキャンセルし合うので、運動は質量によりません。

ではなぜ、2種類の質量はまったく同じなのか。

たとえば、「動かしにくさ」が2倍になったとき、「地球に引かれる強さ」が実は2.001倍だった、ということは絶対にあり得ないのか。

これはもう、精密な実験の結果、同じであったとしか言いようがありません。

＊

有名なものでは「エトヴェシュの実験」(1896) があり、「2×10^{-9}」の精度で両者が同じであることを示しました。

この種の実験はその後も続けられ、現在では「10^{-13}」の精度まで確かめられています。

2016年、フランスでは「MicroSCOPE」という人工衛星を打ち上げ、さらなる高精度で実験を行なう予定です。

物理学の常識とも言われる"同時落ち"を、なぜ今さら人工衛星まで打ち上げて実験するのか。

それは、突き詰めるなら"同時落ち"は理論で導かれた帰結ではないからです。

*

ガリレオは、次のような思考実験によって"同時落ち"を説明しました。

① 「重い物体」と「軽い物体」を糸で結べば、全体は「より重い物体」になる。

② もし「重い物体」のほうが「軽い物体」より先に落ちるのであれば、「糸で結んだ全体」は、「軽い物体」が足を引っ張るので、「重い物体単体」よりも落下速度が遅くなる。

③ しかし、「糸で結んだ全体」のほうが「重い物体単体」よりも重いのだから、より速く落下するはずではないか。

④ これはおかしい。だとすれば、「重い物体」も「軽い物体」も、同時に落下するとしか考えられない。

なるほど見事な説明ですが、とことん疑うのであれば、たとえばこんな考え方を排除し切れるでしょうか。

① 「落下速度」は、物体同士を結びつける「相互作用」の違いによって変化する。

② 「ゆるい糸」で結べば「落下速度」は遅くなるが、糸をだんだん固くするにつれて、「落下速度」は速くなる。

③ ついに2つの物体を固く1つに結合した時点で、「落下速度」は本来の重さに見合った大きさとなるのだ。

明らかに詭弁ですが、この屁理屈によると「結合の緩い物体ほど遅く落ちる」ことになり、「羽のようにフワフワな物体ほど遅く落ちる」という経験則に奇しくも適合しています。

*

あるいは、「相対性理論」によって説明できるのだという人がいるかもしれませんが、それは話が逆で、「一般相対性理論」は"同時落ち"（「相対性理論」の言葉で言えば「等価原理」）に基づいています。

突き詰めると、"同時落ち"を真理たらしめているものは、実験以外にありません。

なので、現代であっても、「小数点以下10数桁」という精度で実験が続けられているのです。

4-8　　　「振動運動」も加速で再現できる

「加速」の様相をさらに実感できるのが「振動運動系」です。

バネや引力などに由来する運動も、「加速度」を足し合わせることで自然に作り出すことができます。

■ 振動運動の作成手順

【STEP1】「バネの長さ」から「力」(=加速度)を求める。

当初、「バネの原点」から「物体の位置」までの長さが「10」だったとしましょう。

物体は静止しており、「速度＝0」です。

【STEP2】「加速度」から「速度」を求めて、足し合わせる。

バネの引っ張る力は、伸びた長さの「1/10」であるとしましょう。

この「1/10」という引っ張る力の大きさの値を「バネ定数」と言います。

「バネ定数」とは、つまり「バネの固さ」のことです。

バネが「10」だけ伸びていたとき、引っ張る力の大きさは「10×1/10＝1」です。

この力の大きさに「マイナス」を付けた「-1」を「1フレーム後における加速度」とします。

なぜ「マイナス」かというと"引っ張っているから"。

「バネの伸びる向き」に対して反対向きに力が働いているからです。

【STEP3】「速度」を足し合わせて次の位置を求める。

1秒後の速度は、直前の0秒の速度に「加速度」を足し合わせたものです。
つまり「0+ (-1) =-1」です。

1秒後の位置は、直前の位置に「速度」を足し合わせたものです。
つまり「10+ (-1) =9」です。

以降、「STEP2〜3」を繰り返す。
次の「2フレーム目」では、

（加速度）　＝　9 × （1/10）＝0.9
（速度）　　＝　（−1）＋（−0.9）＝−1.9
（位置）　　＝　9＋（−1.9）＝7.1

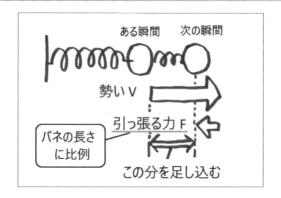

これを繰り返すことで、振動運動が自ずと描き出されます。

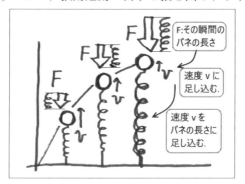

時刻	加速度	速度	位置
0	0.0000	0.0000	10.0000
1	−1.0000	−1.0000	9.0000
2	−0.9000	−1.9000	7.1000
3	−0.7100	−2.6100	4.4900
4	−0.4490	−3.0590	1.4310
5	−0.1431	−3.2021	−1.7711
6	0.1771	−3.0250	−4.7961
7	0.4796	−2.5454	−7.3415
8	0.7341	−1.8112	−9.1527

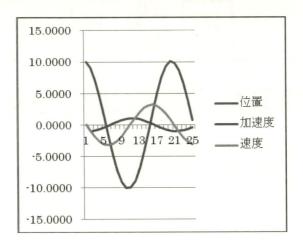

　単純な足し算引き算を繰り返すだけで、「振動のカーブ」が再現できる様を
ご覧あれ。

まとめ　運動法則の意味

$$\vec{ma} = \vec{F}$$

・加速度の大きさ「a」は、加えた力の大きさ「F」に比例する。
・加速度の大きさ「a」は、質量「m」に反比例する。
・「運動」の記述には、「位置」「速度」「加速度」の3枚の写真が必要。
・「加速度」を積分すると、「速度」になる。
・「速度」を積分すると、「物体の位置」になる。

第5章

微分と積分は逆だった

17世紀における微分積分学の成立は近代科学の出発点だったのですが、この時代に、ニュートンやライプニッツといった天才たちは、微分と積分が互いに逆の関係にある一組の演算だったという事実を発見します。

この発見のおかげで、積分を微分の逆によって解く道が、一気に拓（ひら）けました。

現在では、まず微分を基礎に置き、その逆を用いて積分を解く方法が確立しています。

5-1　積分は足し算、微分は引き算

さて、しばらく積分の仕組みに目を向けましたが、当初あった微分はどうなったのでしょうか。

微分は積分と逆の関係にあり、細かく足し算を繰り返すのが積分、細かく引き算を繰り返すのが微分です。

＊

積分からスタートしましょう。

とある曲線下の面積を数える計算とは、図のように、細長い短冊を足し合わせる作業です。

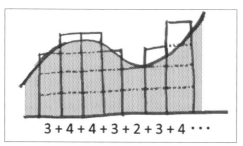

3 + 4 + 4 + 3 + 2 + 3 + 4 ・・・

足し合わせた長さが一目で分かるように、短冊をつないで伸ばしましょう。
つまりこれが積分です。

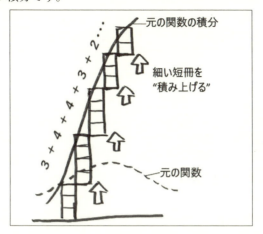

では、今の作業とは逆に、足し合わせた
結果のグラフを元に戻す作業はどうなるで
しょうか。

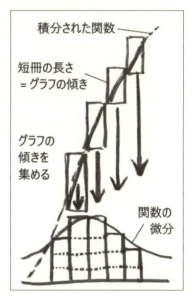

元に戻すには、グラフの「坂の傾き」を短
冊に直した後、始点を揃えて並べ直せばい
いわけです。

これがすなわち、微分です。

微分とはグラフの「坂の傾き」、つまり変
化の大きさを取り出す作業のことです。

微分の物理的な意味は、次の2つです。

①坂の傾き

「位置エネルギー」とは、「物体を持ち上げるのに要する力」を積分したもの
でした。

山登りで上ったぶんだけエネルギーを使うのであれば、逆にどれだけエネ

ルギーを使ったかを調べることで、「坂の傾き」を知ることができます。

・「坂の傾き」を積分すると、「位置エネルギー」が分かる。
・「位置エネルギー」を微分すると、「坂の傾き」が分かる。

　「坂の傾き」を知る方法が、最適化における"山頂探し"へとつながります（第1章）。

②速度、加速度

・「加速度」を積分すると「速度」になり、「速度」を積分すると「位置」が分かる。

　この反対に、微分によって次のことが分かります。

・位置を微分すると「速度」になり、「速度」を微分すると「物体に働く力」が分かる。

　「物体に働く力」が分かっているとき、そこから軌跡を求めるのが「積分」。
　反対に、「物体の軌跡」が分かっているとき、どのような力が働いているかを算出するのが「微分」です。

5-2　「等加速度運動」の平均速度

微分の例として「等加速度運動」を取り上げましょう。

「抵抗の無い自由落下」が、これに相当します。

「自由落下」が「x^2」になることは前の章（**第4章**）で見た通りですが、こんどは前の章とは逆に、「物体の位置」が分かっている状況から、とある瞬間の「物体の速度」を知る方法を考えましょう。

$y = x^2$

　　y：位置（移動距離）

　　x：時刻

時刻	位置
0	0
1	1
2	4
3	9
4	16
5	25

ここで「毎秒の平均速度」を考えると、それは1秒間に進んだ距離ですから、「位置の差」になります。

時刻	位置	平均速度＝位置の差
0	0	0
1	1	1-0 = 1
2	4	4-1 = 3
3	9	9-4 = 5
4	16	16-9 = 7
5	25	25-16 = 9

「毎秒の平均速度」は、「1, 3, 5, 7, 9…」と、奇数の列になっています。

ただ、開始直後の「0, 1」のところだけが列から外れています（「0」は偶数）。

この外れは、「時刻」を1秒単位で刻んでいるから生じたもので、「0.1秒」単位で刻めば、より実際に近づきます。

時刻	位置	位置の差	平均速度
0	0	0	
0.1	0.01	0.01	0.1
0.2	0.04	0.03	0.3
0.3	0.09	0.05	0.5
...			
0.9	0.81	0.17	
1.0	1.00	0.19	1.9
1.1	1.21	0.21	2.1
...			
1.9	3.61	0.37	
2.0	4.00	0.39	3.9
2.1	4.41	0.41	4.1
...			
2.9	8.41	0.57	
3.0	9.00	0.59	5.9
3.1	9.61	0.61	6.1
...			

　0.1秒刻みでの「毎秒（1,2,3…秒後）の平均速度」は、「1.9, 3.9, 5.9, 7.9, 9.9 …」になります。

　もっともっと細かく0.01秒刻みで、「毎秒の平均速度」を数えれば、「1.99, 3.99, 5.99, 7.99, 9.99…」になります。

　時間の刻みを1桁細かくするたびに、平均速度の小数点以下の「9」が1つ増える勘定です。

　そして秒の刻みがどこまでも細かくなった極限において、平均速度の列は「2, 4, 6, 8, 10…」となるでしょう。

＊

　この、「1.9999… → 2」という飛躍に違和感を覚える人は、「下からの極限」だけでなく、「上からの極限」も同時に考えてみてください。

　たとえば、1.9〜2.0秒後の間の平均速度は「3.9」ですが、2.0〜2.1秒後の間の平均速度は「4.1」です。

　「2秒後の平均速度」を、直前で数えると「3.9, 3.99, 3.999…」になり、直後で数えると「4.1, 4.01, 4.001…」になります。

　では「2秒後きっかりの速度」はいくつかと問われたなら、直前でも直後でもない、「4」そのもの以外にあり得ません。

＊

　こうして、「物体の位置」の差分の極限をとることで、各瞬間における速度

が求まったわけです。

　ここで行なった、「位置」から「速度」を求める計算方法が微分です。

> 「xの2乗」(0, 1, 4, 9, 16…) を微分すると、「$2x$」(0, 2, 4, 6, 8…) になる。

　これを式に書くと、

> $$(x^2)' = 2x$$

という表記になります。

5-3　微分とは接線の傾き

　微分の意味はグラフに描くとはっきりします。
(ボールを投げた「放物線」は上に凸ですが、数式のグラフはこの向きに描くのが習慣です)。

　グラフの上で、「平均速度」とは2点を結んだ「直線の傾き」のことです。

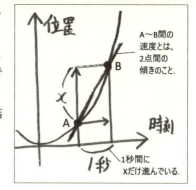

　「直線の傾き」とは、見方を変えれば幅1秒の短冊の長さのことでもあります。
　時間の刻みを細かくとることは、短冊の幅を縮める操作に相当します。

　こうして時間の幅を極限まで短くした2点間を結ぶ直線は、「放物線」の接線に一致します。

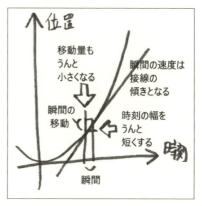

　この「接線の傾き」こそが、その点における「瞬間の速度」を表わし、元の関数(放物線)の微分に相当します。

*

以上、接線を求める手順を機械的にまとめたのが、「微分の定義式」です。

$$f'(x) = \lim_{h \to 0} \frac{f(x+h) - f(x)}{h}$$

「h」は「刻み幅」、「$f(x)$」は対象となる「関数」。

「$\lim\limits_{h \to 0}$」は、「h」の値を極限まで「0」に近づけるという記号。

「$f'(x)$」は刻み幅を極限まで「0」に近づけた姿、すなわち「関数$f(x)$の微分」です[1]。

　詳しく言えば、もうひとつ「下からの極限」、

$$f^{-\prime}-(x) = \lim_{h \to 0} \frac{f(x-h) - f(x)}{h}$$

※　「$f(x+h)$」のところが、「$f(x-h)$」に変わっている。

があって、2つの結果「$f'(x)$」と「$f^{-\prime}(x)$」が一致したときに限り、微分可能です。

　「極限値」が一致しないのは、どういう場合かと言えば、たとえばグラフが"ポキッ"と折れ曲がっていた場合です。

　この場合、接線が一箇所に定まらずフラフラしてしまうので、折れ曲がった点における微分はできません。

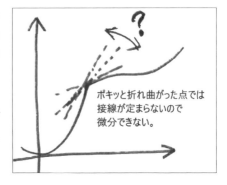

ポキッと折れ曲がった点では接線が定まらないので微分できない。

※1　関数の微分記号は、「$f(x)'$」とは書かずに「$f'(x)$」と書くのが慣例です。
　　　もし「$f(x)'$」と書くと、xの微分$(x)'$が、関数「f」の中に入っている、という意味に誤って解釈されるからです。

　　　　　「*f(x)*」というズルい書き方

　微分の詳しい話に入る前に、「*f(x)*」という書式が何を表わしているのか、改めて確認しておきましょう。

　というのも、この「*f(x)*」という書き方の裏には、大きな思考の"飛躍"があるからです。

　この"飛躍"を何事もなかったかのように受け容れることができる人と、躓く人がいるように思えます。

　なので、躓く人にとって「*f(x)*」の意味を確認することは、決して無駄ではありません。

> アインシュタインが少年時代に技師をしていたおじさんに「代数とはどんな学問ですか」とたずねたら、おじさんは「ズルい算術だよ」と答えたという。
> ―岩波新書　数学入門（遠山啓 著）より

　「代数」の、何がズルいのか。

　それは、知りもしない答が、最初から在るかのように「*x*」という記号で書いてしまうところです。

　不思議なことに、分からない数を「*x*」と置いて式を作ってみると、あとは記号操作の置き換えだけで勝手に答が出てくる。

　この"答の先取り感覚"がズルいのであり、この点を鋭く見抜いたおじさんも、繊細に受け止めたアインシュタインも、優れた数学感覚の持ち主であったと言うべきでしょう。

　　　　　　　　　　　　＊

　同じ感覚について、ニュートンは次のように述べています。

> 　算術では、「与えられた量」から「求める量」へと進んでいって問題が解けるのにくらべて、「代数」は逆の方向に進む。
> 　つまり、あたかもそれがよく知られているかのように、「求める量」から出発して、「すでに分かっている量」へ、それが「求める量」であるかのように進んでいく。

　そして、結論もしくは方程式を立てて、それから「未知の量」を探し出すのである。

　これが「代数」のすぐれた点である。

　そして、算術ではとても解けないような大へん難しい問題もこの方法で解けるのである。

　分からない数を「x」と置くのは、あたかも夢が実現しているかのように振る舞うのと同じです。

　現実を積み上げて夢に向かうのではなく、夢が最初にあって、そこから逆に現実に向かって下りてくる、そんな感覚です。

　この逆方向の感覚を、至極当然と受け流すか、理解できないと拒むか、それともズルいと感じるか。

　そこに数学の分岐点があるように思えます。

　そしてアインシュタインの例を見るように、ズルいと感じるのが最良であるように思えるのです。

＊

　ここまでが「x」という記号（実は人類の大発明！）に込められた意味だったのですが、「$f(x)$」は、その「x」のさらに上をいく発想です。

　「x」という記号は分からない数の容れ物だったのですが、「$f(x)$」という記号は、「分からない関数の容れ物」なのです。

　「x」には、「3」とか「100」とか「2.71828」といった答の数が入るのですが、「$f(x)$」には、「x^2」とか、「$\sin(x)$」とか、「e^{-x^2}」といった答の関数がすっぽりそのまま入ります。

$$f(x) = x^2$$

という表記は、「関数の容れ物である$f(x)$に、x^2という具体的な関数を入れる」ということです。

　ちょうど「$x = 3$」が、「数の容れ物であるxに、3という具体的な数を入れる」ことの、発展版です。

＊

　分からない数を「x」と置いて立てる方程式のことを「代数方程式」と呼んでいました。

では、分からない関数を「$f(x)$」と置いて立てる方程式は何かと言うと、それが「微分方程式」です。

代数方程式を解くと、答の数「x」が分かります。

同じ感覚で「微分方程式」を解けば、答の関数「$f(x)$」が分かる、そんな仕組みになっています。

一個の数値である「x」と、一連の関係である「$f(x)$」には、どれほど表現力の違いがあるか、ちょっと想像してみてください。

「$f(x)$」という関数の容れ物には、「未知の関数を先取りする」という意味合いが込められていたのです。

「微分方程式」については、後の章で改めて取り上げます（**第9章**）。

ちょうど「代数方程式」を解くために「四則演算」が必要となるように、「微分方程式」を解くためには、まず微分積分の演算が必要となるからです。

5-5　　微分の記号は3種類

次に、混乱しがちな微分の表記法を整理しておきましょう。
よく用いられる微分の書き方には3種類あります。

①ラグランジュの表記法

式の上に「'」（プライム）を付ける書き方です。

「x」を変数とする式に「'」が付いていたら、「xについて微分せよ」という意味になります。

$$(x^2)' = 2x$$

あるいは、

$$f(x) = x^2 \text{のとき、} f'(x) = 2x$$

などと書きます。

2回立て続けに微分を行なうときは、「"」のように2個の点（ダブルプライム）を打ちます。

これを「2階微分」と言います（「2回」ではなく「2階」）。

$$(x^3)'' = (3x^2)' = 3 \cdot 2x^1 = 6x$$

②ライプニッツの表記法

あたかも分数のように、

$$\frac{d}{dx}x^2 = 2x$$

とする書き方です。

ライプニッツの書き方で「2階微分」は、

$$\frac{d^2y}{dx^2}$$

のように表記します。

なぜ、「dy^2/dx^2」と書かないのか(分子の「2」の位置)。

2回立て続けに微分を行なうとは、

$$\frac{dY}{dx}$$

の「Y」の中身が「dy/dx」になっている、ということなので、

$$\left(\frac{dY}{dx}\right) = \left(\dfrac{d\frac{dy}{dx}}{dx}\right) = \frac{d\,dy}{dx \cdot dx} = \frac{d^2y}{(dx)^2}$$

この書き方で合っているわけです[※2]。

ライプニッツの表記にある「d」は、「differential」の頭文字で、「差異」という意味です。

このディーには状況に応じたいくつかのタイプがあります(d、Δ、∂、δ)。

※2　もし「dy^2/dx^2」と書いたなら、「y^2という関数をxで2回微分」する、という変な意味に捉えられてしまいます。

- Δ（デルタ）

「差分」を表わすときに使います。

微分の「d」が極限まで小さな値、つまり「坂の傾き」を表わすのに対し、「Δ」は「有限の大きさをもった差分」を意味します。

つまり"階段"です。

- ∂（ラウンドディー、デル、パーシャルなど）

「偏微分」の記号です。

複数の変数があったとき、「一方だけの傾き」を表わすときに使います。

それでは複数の変数を全部一斉に動かしたときはどうかというと、この場合も小文字の「d」を使います。

変数を1個だけ動かす「∂」を「偏微分」、それに対して全部一斉に動かす「d」を「全微分」と言います。

単純な微分の「d」と、全微分の「d」は同じ記号ですが、さして困ることはありません。

なぜなら単純な微分は、「変数が1個だったときの全微分」だからです。

- δ（デルタ）

「変分」を表わす記号です。

「d」が"高さの差"というイメージだとすると、「δ」は"経路のズレ"というイメージです。

第2章で登場したように、微分を細かく刻んで何度も使う場合が「変分」です。

あるいは別の用法で、単にごく小さな量を表わすときにも「δ」という記号を使うことがあります。

「$\varepsilon - \delta$論法」（イプシロンデルタ論法）と言ったときの「デルタ」は、単に「とある小さな量」という意味です。

③ニュートンの表記法

「$\dot{x}$」のように、変数の上に点を打つ書式です。

この書式は主に解析力学で用いられており、「時間tについての微分」だと考えて間違いないでしょう。

ライプニッツ流に書き直すと、

$$\dot{x} = \frac{dx}{dt}$$

「$\ddot{x}$」のように点が2つ打たれていたなら、「2階微分」を意味します。
（ドットを見落としがちなので注意）。

$$\ddot{x} = \frac{d^2x}{dt^2}$$

なぜ「微分」の記号に3種類もあるのか、1つに統一してほしい！

そう思う気持ちも分かるのですが、これらはもはや慣習として染み付いた言葉なので、その場に応じて慣れるしかありません。

・変数が「x」1つだけの場合など、話がシンプルなうちは「ラグランジュ」の書き方「'」が便利。

また「$f'(x)$」とか「$(f \cdot g)'$」のように、関数の働きに着目するときは表記がすっきりする。

・変数が「x, y, z」のようにたくさん出てくると、どの変数についての微分かを明示する必要が出てくる。

そんなときは「d/dz」のような、「ライプニッツ」の書き方が重宝する。

・最初から位置「x」と、「位置の時間微分$\dot{x}$」が話題の中心であると分かっているような力学の文脈では、「ニュートン」の書き方が似合っている。

5-6 　　　「微分公式」の成り立ち

「x^2」の数列「0, 1, 4, 9, 16…」で不思議に思えるのは、差分が「1, 3, 5, 7…」と、「一定間隔」になることです。

たしかに計算すればそうなるのですが、なぜ一定間隔となるのか、納得したいのが人情です。

そこで、「放物線」のグラフを少し書き換えて、以下のように正方形が並んだものだと考えましょう。

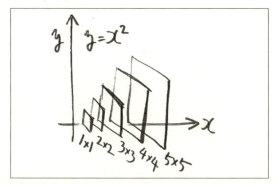

この正方形の並びで、すぐ隣の正方形との差分は何なのかと言えば、下図のようにハミ出した部分となるでしょう。

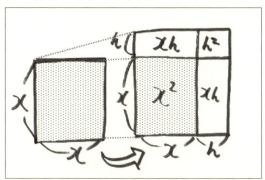

ここで「h」がうんと小さければ、角にある「$h \times h$」の正方形は無視できて、辺に付着する2つの「$x \times h$」の長方形が実質的な「差分」です。

なので、微分は2つの「x」。

*

上の図を見つつ、「微分の定義式」をたどってみてください。

$f(x) = x^2$ のとき、

$$f'(x) = \lim_{h \to 0} \frac{f(x+h) - f(x)}{h}$$

$$= \lim_{h \to 0} \frac{(x+h)^2 - x^2}{h}$$

$$= \lim_{h \to 0} \frac{x^2 + 2xh + h^2 - x^2}{h} \quad \leftarrow ☆$$

$$= \lim_{h \to 0} \frac{2xh + h^2}{h}$$

$$= \lim_{h \to 0} \{2x + h\}$$

$$= 2x$$

　式で行なっていることが、実は図形とまったく同じであることが確認できたでしょうか。

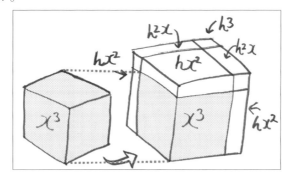

　同様のやり方で、「x^3、x^4、$x^5\cdots$」の微分が順次求まります。

　「x^3」は、少しずつ大きさの異なる「立方体」を並べたものとして表現できます。

　すぐ隣の「立方体」との差分は、3枚の正方形です。

3つの正方形なのだから、

$$\left(x^3\right)' = 3x^2$$

こんどの場合も、定義式と一致することが見て取れるでしょう。

$$\lim_{h \to 0} \frac{(x+h)^3 - x^3}{h}$$

$$= \lim_{h \to 0} \frac{x^3 + 3x^2h + 3xh^2 + h^3 - x^3}{h} \quad \leftarrow ☆$$

$$= 3x$$

「x^4」は図示できませんが、「4次元の超立方体」が並んでいるものと考えられます。

「4次元の超立方体」の差分を想像すると、4つの面それぞれに「3次元の立方体」が張り付いているものと考えられます。

なので、

$$\left(x^4\right)' = 4x^3$$

以下、次元が増えても話は同じことで、「n次元の微分」は、

$$\left(x^n\right)' = nx^{n-1}$$

「n次元（超）立方体」の差分は、「n個」の面に、それぞれ「$(n-1)$次元」の薄い立体が貼り付いている、と読み取れます。

これが微分の基礎となる公式です。

*

ここまでの「微分公式」の作り方は、「積分の公式」の作り方を逆にたどったものです。

積　分	微　分
$\displaystyle\int x^0 dx = \frac{1}{1}x^1$	$(x^1)' = 1x^0 = 1$
$\displaystyle\int x^1 dx = \frac{1}{2}x^2$	$(x^2)' = 2x^1$
$\displaystyle\int x^2 dx = \frac{1}{3}x^3$	$(x^3)' = 3x^2$
$\displaystyle\int x^3 dx = \frac{1}{4}x^4$	$(x^4)' = 4x^3$
$\displaystyle\int x^4 dx = \frac{1}{5}x^5$	$(x^5)' = 5x^4$

　「微分の公式」は「n次元立体」同士の「引き算」を繰り返し、「積分の公式」は「足し算」を繰り返していたというわけです。

5-7 なぜ「積分定数」を付けるのか

上の積分「微分」の公式の先頭に、もう1つ「x^0」の微分を付け加えましょう。

「$x^0 = 1$」ですから、定数「1」の傾きは「ゼロ」です。

$$(x^0)' = 0$$

「1」の微分が「ゼロ」ということは、「1」を3つ合わせた「3」の微分も「$0 + 0 + 0 = 0$」ですし、一般に定数の微分はすべて「ゼロ」になります。

ところが、公式表の積分の側には、この「x^0」に相当する公式がありません。
(「$\int x^{-1} dx$」というものも考えられるのですが、例外的にこの表には当てはまりません。規則をそのまま当てはめると「$(1/0)x^0$」という意味不明の結果になるので)。

この一点の食い違いが、微分と積分の対応の上に現われます。

定数の微分がゼロということは、ある式に定数を加えても、微分の結果は変わりません。
たとえば、

$$\left(x^2\right)' = 2x$$
$$\left(x^2 + 3\right)' = 2x$$
$$\left(x^2 + 100\right)' = 2x$$

など、どれも結果は同じ「$2x$」です。

これを反対側の「積分の公式」に持ち込んだら、どうなるか。
たとえば、

$$\int x^1 \, dx = \frac{1}{2} x^2$$

という公式は、たまたま積分のスタートが「0」からはじまっていたからこう

なったわけで、「3」からはじめれば、

$$\int x^1\,dx = \frac{1}{2}x^2 + 3$$

ですし、「100」からはじめれば、

$$\int x^1\,dx = \frac{1}{2}x^2 + 100$$

です。

　そこで積分のスタートをどこから始めても公式が成り立つように、「積分公式」には、あらかじめ「積分定数」という記号を付け加えておきます。

$$\int x^1\,dx = \frac{1}{2}x^2 + C$$

　「積分定数」は「+C」と書くのが習慣です。

　実際に積分のスタートを決めるまでは値が定まらない、予約席のようなものです。

＊

　「積分定数の中身は何なのか？」

　そのように悩んでしまう人を時折見掛けるのですが、実のところ「積分定数」の中身は不定です。

　中身はスタートを決めて、実際に値を計算する段になって初めて決まります。

　微分とは「坂の傾き」だったので、たとえ「海抜0m」であろうが「標高3000m」であろうが、傾きが同じなら微分の結果は同じです。

　ところが、積分は「細かい足し算」なので、標高そのものが加算されます。

　この全体の標高に相当するものが「積分定数」です。

5-8 ニュートンは微分をどのように考えたか

　微分と積分どちらが先か。

　まるで「タマゴ」と「鶏」のような話ですが、歴史的に見れば積分（求積法）が
アルキメデスの時代から知られていたのに対し、微分が運動学の道を開いた
のはニュートンの時代なので、積分のほうがずっと先です。

> ニュートンとライプニッツは二千年来の伝統を断ち切って、微分すること
> の方に根本的な役割を与えることを認め、積分することはそれの逆に過ぎ
> ないことにしてしまった。
>
> 　　　　　　　　　　　　　　　　　　　　　　　　　—ブルバギ数学史より

　実は、ニュートン以前にも積分はあり、接線を引く方法についてはフェル
マー、デカルトといった先駆的な業績がありました。

　それでもなぜ、ニュートン（とライプニッツ）が「近代微積分の祖」とされて
いるのか。

　それは、ニュートンが初めて微分と積分が逆の関係にある、1つの体系で
あることに気付いたからです。

　ニュートン以前は、面積と接線はそれぞれ別の問題と見なされていました。

　今日の私たちは微分積分とセットになって教わりますが、実はこの2つが
セットになっていると気付いたことこそが、数学史上最大の発見だったので
す。

　この大発見には「微分積分学の基本定理」という名が冠されています。

＊

　それでは元祖ニュートンは、「微分」をどのように考えていたのでしょうか。

　ニュートンの代表的著作である「プリンキピア」より、該当箇所を抜き出し
ましょう。

・補助定理9（LEMMA IX.）

もし直線AEと曲線ABCがともに与えられた位置にあり、与えられた角度でAにおいて相交わり、かつこの直線に対し、他の与えられた角において、BD，CEが縦軸に平行に引かれ、曲線とB，Cにおいて交わり、かつ点BおよびCがともに点Aに向かって近づき、それと会するものとする。

　そうすれば、三角形ABD、ACEの面積は、究極において、互いに対応する辺の二乗に比例する。

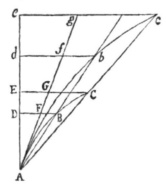

　—訳は「チャンドラセカールのプリンキピア講義」による。図はWikipediaソースより引用。

　ニュートンが真っ先に取り上げたのは、物体に力を加えたときの「動き始めの瞬間」についてでした。

　「補助定理9」では、任意のなめらかな「曲線ABC」の、「点A」における接線を考えます。

　2つの三角形、「ABD」と「ACE」を接点Aに近づけていけば、極限において2つの三角形は相似になるので、「面積の比」は「辺の長さの2乗」に比例するだろう…単純に考えればそうなりそうですが、ひょっとすると、どんなに小さく縮めても「ABD」より「ACE」のほうが少しだけ大きいのかもしれません。

この点を明確にするため、ニュートンは証明を一工夫します。

[1] 曲線「ABC」を拡大コピーした曲線「Abc」を用意します。

[2] 三角形「ABD」と「ACE」も同じように拡大コピーして、「Abd」「Ace」を作ります。

[3] そして、2つの三角形を接点「A」に近づけるとき、拡大コピーのほうは大きさを変えず、点「d」と点「e」の位置を固定したまま、三角形「Abd」「Ace」の角度だけを変えるのです。

[4]「拡大したほうの三角形」を見れば、角「cAg」が最後には「0」に一致し、2つの三角形が最後には相似になることが見て取れます。

[5] なので、当初の考え通り、2つの三角形の面積の比は極限において辺の長さの2乗に比例すると言えます。

この「補助定理9」の図を、「縦方向を時刻」「横方向を速度」のグラフだと見なして、曲線「ABC」は「物体の速度の変化を表わす軌跡」だったとしましょう（近年の一般的なグラフとは縦横が逆）。

そこから、次の「補助定理10」が導かれます。

> **・補助定理10（LEMMA X.）**
> 1つの物体が、それに働く任意の有限な力によって描く距離は、その力が一定不変であるか、あるいは連続的に減少するかを問わず、運動の起こり始めにおいては、互いに時間の2乗に比例する。

ニュートン自身、「物体の落下距離が時間の2乗に事例して変わること」はガリレオが見出したと述べています。

それでも「接線」と「面積」を統合し、一般的な運動の瞬間に当てはめたのは、ニュートンの慧眼であったと言えます。

・ニュートンは、時間×速度のグラフ上で「三角形の面積が距離になる」というイメージをもっていた。それが近年の積分。
・またニュートンは、時間×速度のグラフ上で「接線が力を表わす」というイメージをもっていた。それが近年の微分。

5-9　微分は「積分計算」への道を開いた

　こうして微分と積分は統合を果たしたのですが、ではなぜ今日の学校では、微分のほうが積分より先にくるのでしょうか。

　それは微分の計算のほうが、積分よりもずっと簡単だからです。

　微分には、「接線」を機械的に求める定義式があります。

　しかし積分は、微分ほど簡単に答を出すことができません。

　積分の答を、よく知られている初等関数で書き表わせないこともしばしです。

　そこで、まずは「微分の定義式」を使って、めぼしい関数の公式集を作り上げ、積分は「微分の公式」を逆に読むことで実現する、という方法が確立しました。

　それが、今日、普通に学校で教わる順番です。

　実際、たいていの積分は相当に手強く、徒手空拳で当たっても解ける見込みが立ちません。

　積分の方法を見つけるために微分が必要なのです[3]。

＊

　以下に、よく使う公式を2つ挙げます。

　これらの公式は、今までのように図形を描いて求めるのは不可能に近く（たとえできたとしても、極めて複雑になるので）、「微分の定義式」に頼らざるを得ません。

①反比例の微分

$$f(x) = \frac{1}{x}$$

の微分はどうなるか。

　「微分の定義式」にそのまま当てはめてみましょう。

※3　機械的に積分を行なう方法が、まったくないわけではありません。
　積分が初等関数で表わされるかどうかの判定と、その解き方については「Risch（リッシュ）のアルゴリズム」が知られています。
　しかしこのアルゴリズムは、初等関数の「微分公式」ほど簡単ではありません。

$$f(x) = \lim_{h \to 0} \frac{\dfrac{1}{x+h} - \dfrac{1}{x}}{h}$$

$$= \lim_{h \to 0} \frac{\left\{ \dfrac{x-(x+h)}{x(x+h)} \right\}}{h}$$

$$= \lim_{h \to 0} \frac{-h}{x(x+h)h}$$

$$= \lim_{h \to 0} \frac{-1}{x^2 + xh}$$

$$= -\frac{1}{x^2}$$

「$1/x$」を別の書き方で表わすと「x^{-1}」です。

なぜかというと、「x」をn回掛けた数が「$x^n = x^{(+n)}$」なので、反対に「x」でn回割ったら、「$x^{(-n)}$」と書くのが自然だろう、という発想です。

それだけなら、ただの書き方以上の意味はなかったところですが、いざ「微分の公式」として並べてみると、実は整合がとれていたことに気付きます。

$$(x^{-1})' = -1(x^{-2})$$

$$(x^{-2})' = -2(x^{-3})$$

$$(x^{-3})' = -3(x^{-4})$$

$$\cdots$$

「x^n」の「微分公式」は、そのままマイナスの側にも延長できたのです。

②ルートの微分

「ルートの微分」は、二点間の最短距離を求めるときに使います。
（**第2章**で使いました）。

$$f(x) = \sqrt{x}$$

「微分の定義式」にそのまま当てはめてみます。

$$f'(x) = \lim_{h \to 0} \frac{\sqrt{x+h} - \sqrt{x}}{h}$$

このままでは如何ともし難いのですが、

$$(a-b)(a+b) = a^2 - b^2$$

という展開をヒントに、分母と分子に「$(\sqrt{x+h} - \sqrt{x})$」を掛けます。
（なぜこんな展開を思いつくのか。何とか2乗を作って「$\sqrt{\ }$」を外したいとあがいた結果です）。

$$f'(x) = \lim_{h \to 0} \frac{\left(\sqrt{x+h} - \sqrt{x}\right)\left(\sqrt{x+h} + \sqrt{x}\right)}{h\left(\sqrt{x+h} + \sqrt{x}\right)}$$

$$= \lim_{h \to 0} \frac{x + h - x}{h\left(\sqrt{x+h} + \sqrt{x}\right)}$$

$$= \lim_{h \to 0} \frac{h}{h\left(\sqrt{x+h} + \sqrt{x}\right)}$$

$$= \lim_{h \to 0} \frac{1}{\sqrt{x+h} + \sqrt{x}}$$

$$= \frac{1}{2\sqrt{x}}$$

「$\sqrt{x}$」は、別の書き方で「$x^{\frac{1}{2}}$」と表わされます。

なぜかというと、「$\sqrt{x}$」を2回掛け算すると、「x」になるので、これは「x」を1回掛け算することの半分だからです。

この書き方を用いて上の結果を書き直してみましょう。

$$\left(x^{\frac{1}{2}}\right)' = \frac{1}{2\sqrt{x}} = \frac{1}{2}x^{-\frac{1}{2}}$$

この結果と、「x^n」の微分公式を見比べてみてください。

$$\left(x^n\right)' = n\,x^{n-1}$$

「$\sqrt{x}$」の微分とは、「x^n」の微分公式で「n」に $1/2$ を当てはめた場合だったのです。

一般に、「x^n」の微分公式はべき乗根「$\sqrt[n]{x}$」にも、つまり「n」が分数であってもそのまま当てはめることができます。

[例]

$$\left(\sqrt[3]{x}\right)' = \left(x^{\frac{1}{3}}\right)' = \frac{1}{3}x^{-\frac{2}{3}} = \frac{1}{3\cdot\sqrt[3]{x^2}}$$

$$\left(x\sqrt{x}\right)' = \left(x^{\left(1+\frac{1}{2}\right)}\right)' = \left(x^{\frac{3}{2}}\right)' = \frac{3}{2}x^{\frac{1}{2}} = \frac{3}{2}\sqrt{x}$$

まとめ 積分が「足し算」なら、微分は「引き算」

● 「微分」とは、「積分」の逆演算

「面積の短冊」を積み上げて伸ばす作業が積分。

反対に、「グラフの変化」を短冊に置き換えて揃える作業が微分。

● 「微分」は変化を表わす

「位置エネルギー」の微分から"坂の傾き"が分かる。

「運動する物体の位置」の微分は「速度」になり、「速度」の微分は「加速度」となる。

● 「微分」の定義

$$f'(x) = \lim_{h \to 0} \frac{f(x+h) - f(x)}{h}$$

● ベキ関数の「微分公式」

$$\left(x^n\right)' = n x^{n-1}$$

この公式は、「n」がマイナスであっても、分数であっても成り立つ。

世にも美しい「微分の規則」

> 「指数関数」「双曲線関数」「三角関数」。これら「初等関数」と呼ばれる一群の関数は、すべて美しい微分の規則から生み出されます。
>
> その中心にあるのは、「e」という、微分しても動かない無限に長い足し算です。
>
> もし「初等関数」で分からないことがあれば、この章で示した「動かない微分の表」に立ち戻ってください。
>
> 「初等関数」のすべての性質が、この美しい規則に込められているはずです。

6-1　　動かない関数「exp(x)」

まず「微分の公式」を並べることから出発します。

$$(x^0)' = 0$$
$$(x^1)' = 1x^0 = 1$$
$$(x^2)' = 2x^1$$
$$(x^3)' = 3x^2$$
$$\dots$$

まだ「微分公式」になじめないという人も、難しく考えず、とにかく「肩の荷を下ろす計算操作」のことを「微分」と言うのだと思ってください。

$$(\underset{\text{肩の荷を下ろす}}{X^n})' = n\,X^{\overset{\text{1を引く}}{n-1}}$$

この公式を横一列に並べてみましょう。

上の段に「微分する前」、下の段に「微分した後」を並べます。

n乗の数字を縦にそろえると、下の段は1個ずつ前にズレる形になります。

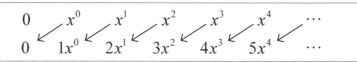

下の段をさらに続けて微分すると、「肩の荷が下りてくる」ので、前に付く係数がだんだん大きくなっていきます。

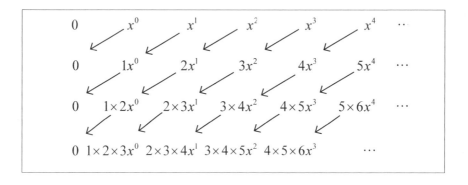

そこで、肩の荷が下りてきても数が大きくならないように、あらかじめ適当な数で割っておきましょう。

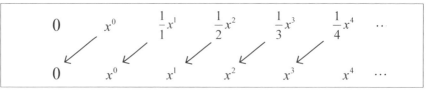

でも、これだと1回微分しただけで最初の状態に戻ってしまいます。

2回目以降は、またどんどん数が大きくなるでしょう。

そこで、何回微分しても数が大きくならないように、もっと割っておきます。

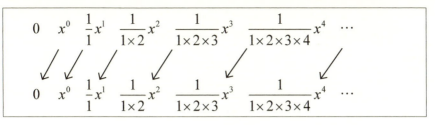

「1×2×3×…」は、いちいち書くのが面倒なので、階乗の記号「!」を使います。

たとえば、「1×2×3＝3!」のような感じです。

■ 動かない「微分」の表

改めて書き直すと、

$$0 \quad \frac{1}{0!}x^0 \quad \frac{1}{1!}x^1 \quad \frac{1}{2!}x^2 \quad \frac{1}{3!}x^3 \quad \frac{1}{4!}x^4 \quad \cdots$$

$$0 \quad \frac{1}{0!}x^0 \quad \frac{1}{1!}x^1 \quad \frac{1}{2!}x^2 \quad \frac{1}{3!}x^3 \quad \frac{1}{4!}x^4 \quad \cdots$$

こんな風にしておけば、何回微分しても変わらない表ができるわけです[1]。

さて、ここで何回微分しても変わらない表の横一列を、すべて足し合わせてみましょう。

この、無限に長い足し算は、「何回微分しても変わらない式」になっているはずです。

この式を「$\exp(x)$」と名付けましょう。

---

[1] ゼロの階乗「0!」は、「1」と定義します。なぜかというと、むしろ話は逆で、このような微分の表を作ったときに「0!＝1」とすれば、美しく収まるからです。

$$\exp(x) = 0 + \frac{1}{0!}x^0 + \frac{1}{1!}x^1 + \frac{1}{2!}x^2 + \frac{1}{3!}x^3 + \frac{1}{4!}x^4 \quad \cdots$$

　ひとつ心配なのは、「exp(x)」が「無限個の足し算」であるということです。無限に足し合わせた結果は、無限に大きくなるのではないでしょうか。

　「無限個の足し算」だからといって、いつも結果が「無限」になるとは限りません。

　たとえば、無限に長い「足し算」、

$$1/2 + 1/4 + 1/8 + 1/16 + \cdots + 1/2^n \cdots = 1$$

　これは、「半分の半分の、そのまた半分」をどこまでも足し合わせても、元の「1」を越えない、という意味です。
　この"半分の半分の半分…"の式を手掛かりに、「exp(x)」が無限大になるかどうかを考えてみます。

　「exp(x)」の「x」に「1」を代入した式「exp(1)」と、"半分の半分…"を較べてみると、「exp(1)」の3つ目以降は、"半分の半分…"で対応する項を越えないことが分かります。

$$e = 0 + 1 + \frac{1}{1} + \frac{1}{1 \times 2} + \frac{1}{1 \times 2 \times 3} + \frac{1}{1 \times 2 \times 3 \times 4} \quad \cdots \quad \text{下の式より小さいはず}$$

半分の半分
の半分…
$$1 = \frac{1}{1 \times 2} + \frac{1}{1 \times 2 \times 2} + \frac{1}{1 \times 2 \times 2 \times 2} \quad \cdots$$

　なので「exp(1)」は、「3」よりも小さい、有限の数値になることが分かります。
　「exp(1)」の値は、実際に計算を進めると「2.71828...」という無限に続く小数になることが分かっています。
　この値は、微分において特別な意味をもつ数値で、「自然対数の底」あるいは「ネイピア数」という名前が付いています。

記号では、「e」で表わします^{※2}。

> e = 2.71828.... = 1 + 1/1! + 1/2! + 1/3! + …

*

感覚的に言えば、「e」とは、「微分しても動かない基準点」です。

いま「exp(1)」の値を調べたのですが、同様の方法で、「exp(2)」も、「exp(n)」（nは整数）も「有限の値」に収束することが確かめられます。

結局のところ、「exp(x)」は、微分しても変わらない、有限の大きさの関数となっているわけです。

> $(\exp(x))' = \exp(x)$

*

具体的に、「exp(x)」のグラフはどんな形をしているのでしょうか。

「微分」とは、「関数グラフの傾き」なので、「exp(x)」は「傾きがその場の値と等しい関数」であると読み取れます。

値が「1」の点での傾きが「1」、「2」の点での傾きが「2」、「10」の点での傾きが「10」、といった具合です。

この規則に従ってグラフを描いてみると、こんな風に、急激に「右肩上がり」のカーブになることが見て取れます。

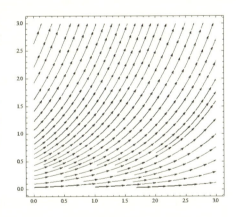

「exp(x)」には「指数関数」という名前が付いています。

あるいは、一定の割合で成長する状況を表わす「成長曲線」といったほうが馴染み深いかもしれません。

※2　「e」という記号は、この数を本格的に微積分に適用したオイラー（Euler）が用いたものです。

「e」のことをあまり"オイラー数"と言わないのは、この数とは別に、位相幾何学の"オイラー指標"や、"オイラーの定数"「γ」、はたまた「sech」を展開した"オイラー数"「E_k」というものもあって混乱を招くからです。

オイラーさんは、すごい！

6-2　なぜ「微分」して動かないのが「指数関数」なのか

　一般に「指数関数」とは、「2, 4, 8, 16…」のように、倍々で増えてゆくような関数のことを指します。

　なぜ、この「指数関数」が先で見た「微分しても動かない関数」と一致するのでしょうか。

＊

　値が2倍ずつ増えていく数列「2^x」で確かめてみましょう。

　「2^x」の値を順番に並べて、前の値との差分をとると、それはちょうど、そのときの数列の値に一致しています。

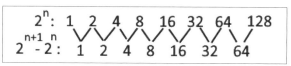

　「2倍＝自分自身のコピーを作る」ことですから、増えたぶんは当然、自分自身の値に一致します。

　なので、整数刻みで見れば、「2^x」は「差分をとっても動かない数列」なのです。

　しかし、「整数刻み」ではなく「連続的な数」として見るならば、「2^x」は微分して動かない関数には少々足りません。

　試しに刻み幅を「0.1」として「$2^{1.1}$」を計算すると、区間「1～1.1」の間の傾きは「1.435」になり、その点における値である「2」には足りません。

　ではいっそ「3^x」ではどうかというと、区間「1～1.1」の間の傾きは「3.484」になり、こんどはその点における値である「3」をオーバーします。

　連続的な「指数関数」で、ちょうど増加分が自身の値に等しくなるポイントは、「2」と「3」の間のどこかにあるわけです。

　このポイントが正確にどこにあるか、差分を「0.1 → 0.01 → 0.001 …」と細かくしつつ調べていくと、

$$e = 2.71828....$$

に近付きます。

　この「e」の値は、上の「動かない微分の表」で見た、

$$e = 1 + \frac{1}{1!} + \frac{1}{2!} + \frac{1}{3!} + \ldots$$

に一致します。

　以上の操作を「微分の定義式」に当てはめるなら、

$$\lim_{h \to 0} \frac{E^{x+h} - E^x}{h} = E^x$$

となるようなうまい数「E」を探せ、ということになるでしょう。
（このような「E」が存在することは本来証明すべきですが、ここでは前提として認めます）。

$$
\begin{aligned}
左辺 &= \lim_{h \to 0} \frac{E^x \cdot E^h - E^x}{h} \\
&= \lim_{h \to 0} \frac{E^x \left(E^h - 1 \right)}{h} \\
&= E^x \lim_{h \to 0} \frac{E^h - 1}{h}
\end{aligned}
$$

　これが右辺の「E^x」に等しいということですから、

$$\lim_{h \to 0} \frac{E^h - 1}{h} = 1$$

という数を探せばよい、ということになります。

　この式を解いて、

$$E = \lim_{h \to 0} \left(h + 1 \right)^{\frac{1}{h}}$$

　この「E」を計算すると（「h」に「0.00000001」といった小さな数を代入すると）やはり上で見た自然対数の底、「e」に一致します。
　微分しても動かない関数「$\exp(x)$」の正体は、指数関数「e^x」であったというわけです。

6-3　「マイナス指数関数」の「微分」

再び、「動かない微分の表」に戻りましょう。

＊

表の中の「x」をすべて「$-x$」に置き換えると、こんな風になります。

$$e^{-x} = 0 + x^0 - \frac{1}{1}x^1 + \frac{1}{1\times 2}x^2 - \frac{1}{1\times 2\times 3}x^3 + \frac{1}{1\times 2\times 3\times 4}x^4 \cdots$$

$$-e^{-x} = 0 - x^0 + \frac{1}{1}x^1 - \frac{1}{1\times 2}x^2 + \frac{1}{1\times 2\times 3}x^3 - \frac{1}{1\times 2\times 3\times 4}x^4 \cdots$$

この式は、1回微分するごとに「＋、－、＋、－」と、交互に符号が入れ換わります。

ということで、「exp(-x)」を微分すると、「-exp(-x)」になることが分かります。

6-4　2回の「微分」で入れ替わる「双曲線関数」

さらに、この長い足し算の式の中身を、1個置きに抜いた式を考えてみます。

つまり、「1個目、3個目、5個目…」という奇数だけの式と、「2個目、4個目、6個目…」という偶数だけの式です。

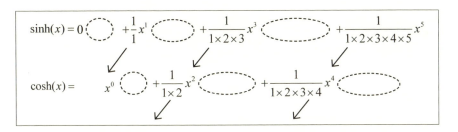

「奇数の式」を微分すると「偶数の式」になり、「偶数の式」を微分すると、「奇数の式」になります。

この「奇数の式」と、「偶数の式」にもそれぞれ名前（関数名）が付いており、

・「奇数の式」は、「$\sinh(x)$」（ハイパボリックサイン）

・「偶数の式」は、「$\cosh(x)$」（ハイパボリックコサイン）

です。

$$\sinh \to \cosh \to \sinh \to \cosh \to \cdots$$

「微積分の公式集」には、こんな風に書かれています。

$$\sinh(x) = \frac{\exp(x) - \exp(-x)}{2} \quad \cdots 奇数番目が消える$$

$$\cosh(x) = \frac{\exp(x) + \exp(-x)}{2} \quad \cdots 偶数番目が消える$$

表をよく見て当てはめれば、納得できるでしょう。

それぞれをグラフに描くと、こんな形になっています。

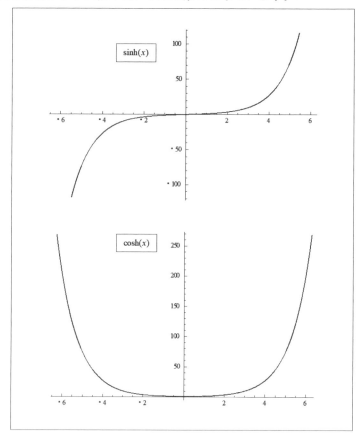

　これら「sinh」「cosh」のグループをまとめて「双曲線関数」と呼んでいます（「双曲線」の意味は、**第9章**まで進むと分かります）。

　また、「cosh」は、ロープの両端を持ってぶら下げた曲線の形になっているので、「懸垂線」という名前が付けられています。

6-5 　4回の微分で戻ってくる「三角関数」

さらに、符号の入れ替えと「奇数」「偶数」の合わせ技をやってみましょう。

$$\sin(x) = \quad \frac{1}{1}x^1 \qquad -\frac{1}{3!}x^3 \qquad +\frac{1}{5!}x^5$$

$$\cos(x) = 1 \qquad -\frac{1}{2!}x^2 \qquad +\frac{1}{4!}x^4$$

$$-\sin(x) = \quad -\frac{1}{1}x^1 \qquad +\frac{1}{3!}x^3 \qquad -\frac{1}{5!}x^5$$

$$-\cos(x) = -1 \qquad +\frac{1}{2!}x^2 \qquad -\frac{1}{4!}x^4$$

歯抜けにするのが「奇数」「偶数」で2通り。

それに「＋－」の符号の割り振り方が、「奇数」「偶数」の2通り。

合わせて4通りの関数を作ることができます。

この4通りの関数には名前が付いていて、それぞれ、

サイン$\sin(x)$、コサイン$\cos(x)$、$-\sin(x)$、$-\cos(x)$

です。

何を隠そう、これが「三角関数」と呼ばれているものです。

＊

なぜ2回微分すると符号が反転する関数「$\sin(x)$」が、いわゆる「三角関数」、「角度」と「長さ」の関係を表わす「$\sin(x)$」と同じなのでしょうか。

これについては、「円運動」から直観的に類推できます。

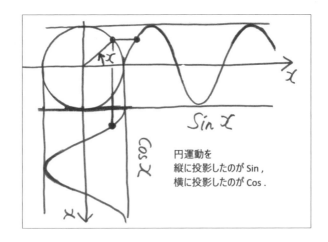

円運動を
縦に投影したのが Sin ,
横に投影したのが Cos .

・「sin」「cos」とは、「等速円運動」を、縦と横の１次元に投影した姿である。
・「位置」の微分が「速度」であり、「速度」の微分が「加速度」である。

　「糸」の先に「重り」をつけて、グルグル振り回した状況を考えてみましょう。
回転する糸と重りを矢印で表わし、「位置ベクトル」と呼ぶことにします。
なぜ「矢印」で書くのかについては、追々分かってきます。

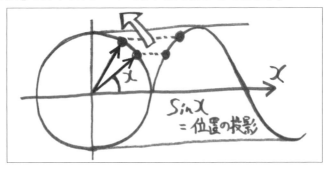

　この円運動の上で、「位置」の微分である「速度」はどうなるでしょうか。
　「微分」とは、「次の瞬間との差分」を意味しているので、「速度」は円の接線
に沿った小さな矢印として表わされます。

　ここで、「速度」の小さな矢印を、始点を揃えて、一箇所に集めてみましょう。

　すると、「速度の矢印」もまた「位置ベクトル」のように、時間経過に応じて回転していることが分かります。

　「位置ベクトル」と「速度の矢印」を比べると、どちらも同じように回転していますが、スタート位置が90度ズレています。

　ということは、「位置ベクトル」が「$\sin(x)$」で表わされるなら、「速度の矢印」は「$\sin$」を90度横から見た「$\cos(x)$」になります。

　これが、「$\sin(x)$を微分すると、$\cos(x)$になる」物理的な意味です。

＊

　次に、「速度」の微分である「加速度」はどうなるかを考えてみましょう。

　「微分」とは、「次の瞬間との差分」を意味しているので、「速度の矢印の先端を結んだ小さな矢印」が「加速度」を表わします。

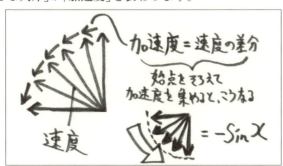

　「速度の矢印」が「上向き」からスタートしていたなら、「加速度の矢印」は「左向き」からスタートすることになります。

　「速度の矢印」が「$\cos(x)$」で表わされるなら、「加速度の矢印」は「$\cos(x)$」を90度横から見た「$-\sin(x)$」になります。

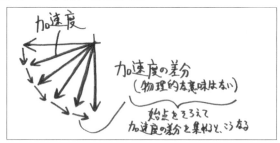

　これが「$\cos(x)$を微分すると$-\sin(x)$になる」物理的な意味です。

　「位置ベクトル」と「加速度の矢印」は、「$\sin(x)$」と「$-\sin(x)$」で、ちょうど反対になっていることが図からも確認できるでしょう。

＊

　物理的に意味があるのはここまで（加速度まで）ですが、さらにもう1段階、「加速度の微分」を図に描いてみましょう。

　「加速度の微分」を同じように図示すると、「$-\sin(x)$」の微分が「$-\cos(x)$」になることが見てとれます。

　さらに、「$-\cos(x)$」の微分を図示すると、一巡して元の「$\sin(x)$」に戻ります。

$$\sin(x) \rightarrow \cos(x) \rightarrow -\sin(x) \rightarrow -\cos(x) \rightarrow \sin(x)$$

　このように円運動では、「位置→速度→加速度→加速度の微分」が90度ずつ向きを変えて、4回で一巡する構造を形作っています。

　つまり、「4回微分すると元に戻ってくる関数」の実体は、「円運動」であったというわけです。

6-6　　　「三角関数」の複素表示

ここでさらにもうひとつ、虚数単位「i」という不思議な数を導入します。

「微分公式」と同様、ここで「i」の意味について深く思い悩む必要はありません。

ただ、「i」を2つ掛け合わせると「-1」になる、「$i \times i = -1$」というルールだけを覚えてもらえば充分です。

そして、微分しても動かない式「$\exp(x)$」の、「x」を「ix」に置き換えてみます。

すると、

$$e^{ix} = x^0 + \frac{1}{1!}(ix) + \frac{1}{2!}(ix)^2 + \frac{1}{3!}(ix)^3 + \frac{1}{4!}(ix)^4 + \frac{1}{5!}(ix)^5 \quad \cdots$$

$$= 1 + ix - \frac{1}{2!}x^2 - \frac{1}{3!}ix^3 + \frac{1}{4!}x^4 + \frac{1}{5!}ix^5 \quad \cdots$$

$$= 1 - \frac{1}{2!}x^2 + \frac{1}{4!}x^4 \quad \cdots \text{ 奇数番目を集める}$$

$$+ i\left(x - \frac{1}{3!}x^3 + \frac{1}{5!}x^5\right) \cdots \text{ 偶数番目を集める}$$

$$= \cos x + i \sin x$$

これが「オイラーの公式」と呼ばれているものです。

「$\exp(ix)$」という関数が一体何を表わしているのか、ちょっとやそっとでは想像が付きません。

それでも、

・「微分」の基本公式
・「iを2つ掛け合わせると-1になる」というルール

この2つのルールが正しいのだと信じるならば、「$\exp(ix)$」というものは、「虚数」の世界で三角関数「$\sin(x)$」「$\cos(x)$」の組み合わせになっているはずなのです。

逆に言えば、三角関数「$\sin(x)$」「$\cos(x)$」は、「$\exp(ix)$」の組み合わせから作り出すことができます。

$$\sin(x) = \frac{\exp(ix) - \exp(-ix)}{2i} \quad \cdots \text{奇数番目が消える}$$

$$\cos(x) = \frac{\exp(ix) + \exp(-ix)}{2} \quad \cdots \text{偶数番目が消える}$$

　ここでの1つ置きに消える仕組みが、先の「sinh(x)」「cosh(x)」にそっくりです（だから関数名も似ているのです）。

　さらにこの「オイラーの公式」で、「$x = \pi$」とすると、「$\cos(\pi) = -1$、$\sin(\pi) = 0$」ですから、

$$e^{i\pi} = -1$$

という「オイラーの等式」を得ます。

　人類の至宝とも呼ばれるこの数式、見た目が神秘的で美しいばかりでなく、物理的な波動の計算にも役立つという優れものです。

6-7 なぜ「360°」ではなく「2π」なのか

「オイラーの等式」には、円周率「π」が登場しますが、これはどこからきたのでしょうか。

元を正せば、「$\cos(\pi) = -1$、$\sin(\pi) = 0$」とする「弧度法」に由来します。

角度の測り方には、一周を $360°$ とする「度数法」と、2π ラジアンとする「弧度法」があります。

もし「度数法」を採用したなら、「オイラーの等式」は、

$$e^{360i} = -1$$

となっていたことでしょう。

しかし、これでは"等式のもつ美しさ"が台無しです。

一見すると、「$360°$」のほうが分かりやすそうなのに、なぜあえて「2π」とする測り方を定めたのか。

その理由は、上記の長い足し算にあります。

$$\sin(x) = x - \frac{x^3}{3!} + \frac{x^5}{5!} - \frac{x^7}{7!} + \dots$$

という式の値がちょうど「0」になるのが、「$x = 3.1415\dots = \pi$」だったのです。

同じことですが、

$$\cos(x) = 1 - \frac{x^2}{2!} + \frac{x^4}{4!} - \frac{x^6}{6!} + \dots$$

という式の値がちょうど「-1」になるのが、やはり「$x = \pi$」のときです。

なぜこのような長い足し算が円周率に関係するのか。

それは上で見たように、「円運動」は4回微分すると元に戻るからです。

「sin」「cos」は、「円運動」を一次元に投影したものなので、それらが「円周率」を内包するのは自然な姿なのです。

そしてこの長い足し算から、機械的に「円周率」を計算する道が開けます。

　そう考えれば、「三角関数」とは、むしろ「円関数」と呼んだほうが実質に相応しいように思えます。

　Wikipediaには、次の記述がありました。

単位円を用いた定義に由来する呼び名として、円関数（えんかんすう、英：circular function）と呼ばれることがある。

まとめ　動かない微分の表

　「微分の公式」を横一列に並べ、"肩の荷が下りてくる"ところをうまく調整すると、「動かない微分の表」を作ることができます。

　この表から、以下の重要な関数が導き出されます。

・微分しても動かない関数 ＝「指数関数」$\exp(x)$
・2回の微分で元に戻る ＝「双曲線関数」$\sinh(x),\ \cosh(x)$
・4回の微分で元に戻る ＝「三角関数」（円関数）$\sin(x), \cos(x), -\sin(x),$
$$-\cos(x)$$

　さらに、2つ掛け算すると「-1」となる虚数「$i \times i = -1$」を導入すると、次のオイラーの公式が得られます。

$$\exp(ix) = \cos(x) + i\sin(x)$$

　「三角関数」は、「虚数」を通じて「指数関数」と結びついていたというわけです。

第 **7** 章

「対数」は「掛け算」と「足し算」の橋渡し

> 　「対数関数」とは、「掛け算」を「足し算」に直す関数です。
>
> 　逆に、「足し算」を「掛け算」に直すのが、「指数関数」です。
>
> 　「指数」と「対数」は光と影のように表裏の関係にあり、とある組み合わせの結果が「指数関数」で表わせたなら、それを「対数関数」によって解くことが可能となります。

7-1　「べき関数」のギャップ

　べき関数「x^n」について、プラス側からマイナス側まで微分の繰り返しを1列に並べると、「$n=0$」の前後にギャップがあることに気付きます。

$$x^3 \rightarrow 3x^2 \rightarrow 2 \cdot 3x^1 \rightarrow 1 \cdot 2 \cdot 3x^0 \rightarrow 0 \cdots ? \cdots x^{-1} \rightarrow -x^{-2} \rightarrow -(-2)x^{-3}$$

　プラス側から微分を繰り返すと、最後は「0」になり、「0」は何回微分しても「0」のままです。

　一方、マイナス側は「x^{-1}」からスタートして、微分を繰り返せば「x^{-2}, x^{-3}」と進みます。

　それでは、「0」と「x^{-1}」の間には何かあるのでしょうか。

　「微分」の反対である、「x^{-1}の積分」を考えてみましょう。

7-2　10円玉の斜塔

「1 + 1/2 + 1/3 + 1/4…」という形を物理的に作ってみましょう。

手元に「10円玉」をたくさん用意します。

この「10円玉」を「ピサの斜塔」のように、少しずつズラして積み重ねたとき、「10円玉の斜塔」はどこまで傾けることができるでしょうか。

「塔の先端」は、最初に置いた10円玉から完全にハミ出すことはできるのでしょうか。

＊

まず2枚で考えてみると、「上の10円玉」の重心は、土台となる「下の10円玉」のちょうど縁までズラすことができるでしょう。

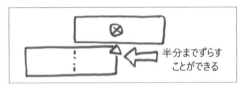

半分までずらす
ことができる

この最初のズレの大きさ、つまり10円玉の半径を「1」と数えましょう。

＊

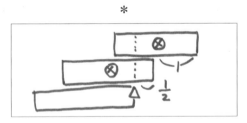

次に「3枚目の10円玉」を、土台の下に追加することを考えます。

上に乗った「2枚の10円玉」の重心は、土台となる「3枚目」のちょうど縁までズラすことができます。

このとき、ズレの大きさは半径の半分、つまり「1/2」になります。

さらに「4枚目の10円玉」を下に追加すると、どうなるでしょうか。

「3枚目の10円玉」に着目すると、自分自身の1枚ぶんの重さが中心にかかり、上に乗っている2枚ぶんの重さが縁にかかっている状況となっています。

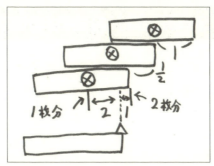

　ということは、「4枚目の10円玉」の縁は、「3枚目の10円玉」の半径を「2：1」に内分した点までズラせるわけです。

　このとき、ズレの大きさは半径の「1/3」です。

＊

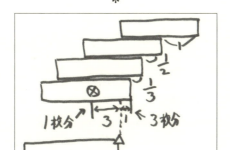

　さらに「5枚目の10円玉」を追加すると、「4枚目の10円玉」は自分自身の1枚ぶんの重さが中心にかかり、上に乗っている3枚ぶんの重さが縁にかかっている状況になります。

　ということは、「5枚目の10円玉」の縁は、「4枚目の10円玉」の半径を、「3：1」に内分した点までズラせるわけです。

　このとき、ズレの大きさは半径の「1/4」です。

＊

　以下、1枚追加するごとに、ズレの大きさは「1/5, 1/6, 1/7…」と増えていきます。

　つまり、この「10円玉の斜塔」は、「1 + 1/2 + 1/3 + 1/4…」を積み上げた形、「$\int 1/x\,dx$」となっているわけです。

7-3 なぜ「対数」は「指数」の逆なのか

「10円玉の斜塔」は、1歩進むごとに「$1/x$」だけ上る階段になります。

ということは、この階段の縦横を逆にすれば、1歩進むごとに「x」だけ上がる階段になります。

「$1/x$」の階段が歩数に反比例して上るのに対し、縦横を逆にした階段「x」は歩数に正比例して上ります。

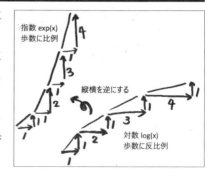

ところで、「1歩進むごとにxだけ上がる階段」とは何だったかというと、実は微分しても動かない関数「$\exp(x)$」に一致します。

「微分しても動かない関数」とは、「傾きがその場の値と等しい関数」ということでした。

ちょうど「x歩」だけ進んだところの階段が、「x」だけ上がっているのであれば、それはまさに「$\exp(x)$」ということです。

「$1/x$を積み上げた曲線」とは、「xを積み上げた曲線」の逆ですから、「$\exp(x)$」の逆関数になっています。

そこでこの、「$\exp(x)$」の逆関数に「対数」という名前を付けて、記号「log」で表わすことにしましょう。

$x = \exp(y)$のとき、その逆関数を

$y = \log(x)$と定義する。（ただし x > 0）

「$1/x$を積み上げた曲線」の正体は、この「$\log(x)$」だったのです。

$$\int \frac{1}{x}\,dx = \log(|x|) + C \quad (※1)$$

※1 $|x|$は絶対値記号、「xがマイナスだった場合は、プラスにせよ」という意味です。

「$f(x)=1/x$」という関数をグラフに描くと、プラス側とマイナス側ではちょうど原点を中心にひっくり返した形になっています。

たとえば、「$x = 1～3$」の範囲のグラフ下の面積は、「$x = -1～-3$」の範囲の面積と等しくなります。

一方、「$\log(x)$」という関数は、「x」がマイナスの場合には値が定義されていません。

なので、「x」の絶対値をとってプラスの範囲で計算するわけです。

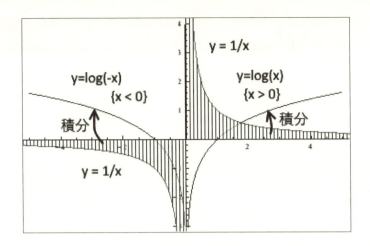

　ところで、「指数関数」はベースにする数の違いによって、大きさが変わります。

　たとえば、ベースに「2」を選ぶと、「2^x」は「2, 4, 8, 16…」と増え、ベースに「10」を選べば、「10^x」は「10, 100, 1000…」と増えます。

　このベースにする数のことを、日本語では「底」と言います。

　指数の逆関数である「対数」にも、対応する「底」があります。

　指数関数「$\exp(x)$」とは「e^x」のことだったので、底となる数は「e」です。

　このとき「$\exp(x)$」に対応する対数関数「$\log(x)$」の底も「e」となります。

　底をはっきりさせるため、「$\log_e$」のように、右下に小さく表記を入れることがあります[※2]。

　たとえば、底が「2」の場合、指数関数は「2^x」、対数関数は「$\log_2 x$」と表記します。

　単に「$\log$」と表記した場合、本書では底「e」を省略したものとします。

※2　底が「e」の対数は「ln」、底が「10」の対数は「log」と表記されることもあります。

7-4 　　　「10円玉」はどこまでも傾けられる

　「1/x」の無限に続く足し算（1 + 1/2 + 1/3 + 1/4…）のことを、「調和級数」と言います。

　この「調和級数」の値がどこまでも大きくなるのか、それとも一定値に収束するのか、かつてはよく分かっていませんでした。

　「1/x」の積分が「log(x)」であると分かった今、「調和級数」はどこまでも大きくなることがはっきりします。

　「y = log(x)」の逆関数は「x = exp(y)」ですが、この「exp(y)」という関数は、どんな「y」に対しても値が定義されています。

　つまり、「y」の範囲は無限大にまで達しています。

　ということは、元に戻って「y = log(x)」の値もまた無限大にまで達しています。

　「調和級数」の値は、「log(x+1)」より大きいので、どこまでも大きくなります。

　「10円玉の斜塔」は、理論上、どこまでも大きく傾けることができるのです。

7-5 　　　「対数」とは物理的に何なのか

　「対数」となる物理現象には、積み上げの他に何があるでしょうか。

　代表例は、「気体のもつ内部エネルギー」です。

■ 理想気体の内部エネルギー

　「気体」は一般に、圧縮するほど高圧になります。

　温度一定の気体の圧力は、（近似的に）「ボイルの法則」に従います。

$$PV = a$$

P：圧力

V：体積

a：「気体」の量や温度などに依存する定数

　では、気体を圧縮したとき、どれほどの「エネルギー」が気体に溜まるのか。
　「エネルギー」とは、「加えた力を積分したもの」であったことを思い出しましょう（**第3章**）。

　たとえばバネに溜まったエネルギーであれば、バネの伸び「x」に、比例した力「kx」を、「バネの長さ」のぶんだけ積分したものでした。

$$（バネに溜まったエネルギー）= \int kx\, dx = k \int x\, dx = k\frac{1}{2}x^2 + C$$

　同じことを「空気バネ」に当てはめてみます。
　ただのバネと「空気バネ」の違いは、「伸び方」に対する力のかかり方です。
　ただのバネでは、「伸び」に対して「力」がそのまま比例していたところを、「空気バネ」では「体積変化」に対して「圧力」が反比例する形でかかります。

$$（気体に溜まったエネルギー）= \int \frac{a}{V} dV = a \int \frac{1}{V} dV = a\,\log(V) + C$$

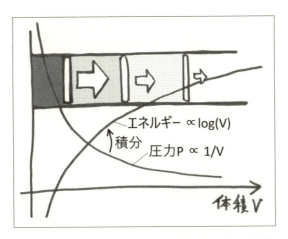

　結果、「気体に溜まるエネルギー」は、「体積の対数」に比例します。

　圧縮された気体を解放して、エネルギーを取り出すイメージを思い描いてみましょう。

・最初のギュッと詰まった状態からは、大きなエネルギーが取り出せる。
・後の方ではだんだん薄くなってゆくが、それでも完全にゼロにはならない。少しずつどこまでもエネルギーを取り出すことができる（外が真空の場合のイメージ。大気圧の下では限界がある）。

これが対数関数「$\log(V)$」の物理的イメージです。

7-6　「対数」とは感覚的に何なのか

感覚の慣れ（ヴェーバー・フェヒナーの法則）

人の感覚には、"慣れ"があります。

喧噪の中では聞き取れなかった小さな音であっても、静かな室内では感じ取ることができます。

まぶしい太陽の下では見えなかった星のまたたきも、暗い夜空には見ることができます。

これらを定量的にまとめたのが、「ヴェーバーの法則」です。

感じ取ることのできる刺激の変化は、その場の刺激の大きさ自体に比例する。

$$\Delta R / R = K$$

ΔR：感じ取ることのできる刺激の変化、識別閾値

R：刺激の大きさ

K：感覚に固有の定数

「ヴェーバーの法則」を「積分」して得られるのが「フェヒナーの法則」です。

$$E = \frac{1}{K} \int \frac{1}{R}\, dR = \frac{1}{K} \log(R) + C$$

E：人が感じ取る感覚量

人が感じ取る「感覚量」は、刺激の大きさの「対数」に従う。

物理的に一定の強度で（加算的に）刺激を増やしても、感覚には慣れがあるので「対数的」に増えたようにしか感じられない。

　「フェヒナーの法則」は、人の適応力と飽きっぽさを同時に表わしているように思えます。

・「1回目」はまだ珍しく新鮮なので、プラス1。
・「2回目」はある程度予想が付くので、プラス1/2。
・「3回目」ともなると勝手が分かっているので、プラス1/3。

　以下、「1/4, 1/5…」と、回を重ねるごとに目新しさが減ってゆく。
　減りはするけれどプラスが0になるわけではなく、緩やかな増加はどこまでも続く。

　たとえば、次々と制作される映画やドラマなどの続編に、「対数的感覚」を抱いたことはないでしょうか。

　後から追加される消費財の効用は、それ以前の財の効用より小さい。
　経済の世界では、これを「限界効用逓減の法則」と呼んでいます。

■ 体感時間（ジャネーの法則）

　対数的な感覚量を、時間に当てはめたのが「ジャネーの法則」です。
　人間、年をとればとるほど1年の長さが短く感じられるようになる。
　その理由として、「時間を感じる長さは、それまで生きてきた時間の長さに反比例する」のではないか、というのがこの法則の主張です。
　この法則に従えば、20年生きてきた人の1年は、10年生きてきた人の半分に感じられることになります。

　それまで生きてきた時間の長さを「t」、次の瞬間に感じる体感時間経過を「dt」、人それぞれの比例定数を「k」とすれば、

$$dt = \frac{k}{t}$$

　これを「積分」して、

$$（体感時間）= \int \frac{k}{t} dt = k \log(t) + C$$

つまり人生の体感時間は、実時間に対して「対数的」に経過することになります。

そうと知ってこれまでの人生を振り返ると、たしかに思い当たる節があるから不思議です（若いころは良かった？！）。

7-7　「対数」をとることの意味

「微分方程式」、あるいは「情報理論」「確率統計」といった分野においては、「対数をとる」という計算がしばしば行なわれます。

問題となる数値をいったん「対数」に置き換えて計算した後、必要があれば「指数」をとって、再び元の数値に戻すといった計算手順です。

たとえば「微分方程式」の解法の途中に、実にさりげなく両辺の「対数」をとって計算が進められます。

数式の字面を追えば、たしかにその通りなのですが、後から見る者にとって、なぜそこで「対数」をとるのか、必然性が分からない。

だいたい「対数」自体が少々馴染みの薄い関数なので、それが当然のごとく大手を振って現われると、何か理解が足りないのではないかと不安に駆られます。

*

いったい「対数」をとることの意味は何なのでしょうか。

それは「組み合わせの結果を構成要素に還元する」ことです。

もともと「対数」には、「掛け算」と「足し算」の橋渡しを行なう役割があります。

$$\log(A \times B) = \log(A) + \log(B)$$

この橋渡しを行なう関数のことを「対数」と呼ぶのだと、再定義することも可能です。

「10」を底とする対数関数「$\log_{10}$」の値は、「数字の桁数」（0が付く個数）を表わしています。

数字の桁数には以下のように、「（数字同士の掛け算）＝（桁数の足し算）」という性質があります。

100	：0 が 2 個。このとき$\log_{10}(100) = 2$ となる。
1000	：0 が 3 個。このとき$\log_{10}(1000) = 3$ となる。
100000	：0 が 2+3 ＝ 5 個。
	このとき$\log_{10}(100 \times 1000) = \log_{10}(100) + \log_{10}(1000)$ となる。

　一見何のことはない、ただの記号の置き換えにも見えますが、その意味するところは重大です。

　現象を構成する要素が足し算で増えたとき、それらを組み合わせた"場合の数"は掛け算で増える。

　個々の数字という構成要素の並びによって、なぜ巨大な数が表現できるのか。

　それは、「$1000 = 10 \times 10 \times 10$」であるように、組み合わせた結果が「構成要素の掛け算」であるからです。

　組み合わせは掛け算で増える。

　このことは普段、あたり前過ぎて気付かないかもしれませんが、実は世界を面白くしている根源的な理由です。

　もし組み合わせの結果が足し算でしか増えなかったとしたら、世界はひどく単調なものになっていたことでしょう。

　「現象の複雑さ」は、「構成要素の掛け算」で増える。
　反対に、複雑な現象を構成する要素は、ごく少数に還元される。

　「構成要素」に対して、「掛け算」で増える関係が「指数」であり、その反対に、「現象を構成する要素」に還元する関係が「対数」です。

　「対数」をとる操作には、「目に見える複雑な現象を、構成要素に還元する」という意味が込められていたのです。

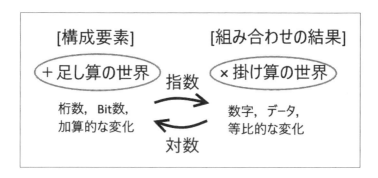

　たとえば情報の大きさを示す「情報量」は、起こり得る場合の数の「対数」をとった値です。

　なぜ「対数」なのかと言えば、直接目にする事象のバラエティを生み出す元になった構成要素の量を数えたかったからです。

　あるいは目に見えるデータの「対数」をとれば、データを支配する「構成要素」を推定する足掛かりが得られます。

　このアイデアは、たとえば「対数尤度」といったデータ分析の方法に発展します。

> **まとめ** 「掛け算の世界」と「足し算の世界」

　「対数」とは、「掛け算」を「足し算」に直す橋渡しの役割を果たします。

　実際に「対数」が活躍する背景として、組み合わせは「掛け算」で増えるという「確率の積の法則」が挙げられます。

　この世の中は構成要素の組み合わせから成り立っており、現象として現われた結果は「掛け算の世界」、現象の構成要素は「足し算の世界」にあると捉えることができます。

　「対数をとる」ことの意味は、「組み合わせの結果を構成要素に還元する」ことです。

＊

　「対数」は「微分方程式」の解法の途中にさりげなく、しかし頻繁に登場します。

　なぜかというと、一般に物事の累積的な変化は「掛け算」の形で（等比的に）効いてくるからです。

　一定の割合で変化する値は、結果として指数の形をとります。

　その結果の「対数」をとれば、変化の元になった要因が「足し算」の形で見えてくるというわけです。

＊

　こうした言葉による能書きは、あるいは「微分方程式」がスラスラ解ける人にとっては無用かもしれません。

　ただ、少なからぬ人が「対数」を前にして意味が分からず、固まってしまう（あるいは暗記で乗り切る）ように思えます。

　固まってしまう前に、多少曖昧であっても平易な言葉で意味を問うこと、感覚に問いかけることには充分な意味があると思うのです。

第8章

計算ルール、たったこれだけ

> 「微分方程式」を解くためには、必要最低限の計算ルールを身につける必要があります。
>
> 幸いなことに、「微分積分」の計算ルールは、掛け算の「九九」よりもずっと少ないです。
>
> とにかく最小限の労力で「微分」「積分」を使いこなしたければ、まずここにある計算ルールを覚えるのが早道です。

8-1　微分の計算ルール

微分は、「足し算」(引き算)については素直な性質をもっています。

$$(f + g)' = f' + g' \quad \cdots 加法性$$

同じ関数同士の足し合わせを考えれば、次の性質にも納得がいくでしょう。

$$(2f)' = (f + f)' = f' + f' = 2f'$$

$$(3f)' = (2f + f)' = 2f' + f' = 3f'$$

$$\cdots$$

$$(Cf)' = Cf' \cdots 定数倍を保つ　(Cは任意の定数)$$

・「足し算の微分」は、「微分の足し算」。
・「定数倍の微分」は、「微分の定数倍」。

2つ合わせて、「微分の線形性」と言います。

一見当たり前の計算ルールですが、いざ実際の問題にあたってみると、きっとこの素直な性質の有り難みが分かってくるでしょう。

　ところが、微分は「掛け算」「割り算」については素直ではありません。
また、関数を入れ子にした場合にも、独特の計算ルールがあります。

8-2　　　　　　　「合成関数」の微分

「入れ子にした関数」の微分を、「合成関数の微分」と言います。

　たとえば、

$$f(x) = \sin(x^2)$$

という関数は、次の２つの関数の合成です。

$$f(u) = \sin(u)$$
$$u(x) = x^2$$

　「合成関数の微分」の計算ルールは、（中身の微分）×（外側の微分）になります。

> 外側の微分 … 「$\sin(u)$」の微分は 「$\cos(u)$」
> 中身の微分 … 「x^2」の微分は 「$2x$」
> 掛け合わせたものが合成関数の微分…$\{\sin(x^2)\}' = 2x \cdot \cos(x^2)$

＊

なぜ、こうなるのか。

　微分において、グラフを横軸方向に拡大縮小することを考えます。
　とある関数「$f(x)$」の「x」を「$2x$」に置き換えたなら、グラフの横軸は「1/2」に圧縮されて、グラフの傾きは「2倍」になります。

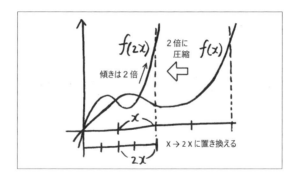

・「$x \rightarrow Nx$」に置き換える
・微分の結果は「N倍」になる

　たとえば、

$$\{\sin(x)\}' = \cos(x)$$

という微分で、「$x \rightarrow Nx$」に置き換えたなら、

$$\{\sin(3x)\}' = 3\cos(3x)$$

といった具合に、微分の結果全体が「N倍」になります。

＊

　さて、今は一定の割合「N」で横軸を圧縮することを考えたのですが、ここで「N」が一定ではなく、場所によって異なる割合で伸び縮みしていたなら、どうなるでしょうか。

　つまり、「N」を「$u(x)$」という関数に、変数「x」によって伸び縮みする軸であると解釈し直すわけです。

　グラフの横軸の下に、伸び縮みの元となる「$u(x)$」という関数を付け足してみましょう。

　「x」から出発して、まず「$u(x)$」という関数によって、のグラフの横軸が伸び縮みします。

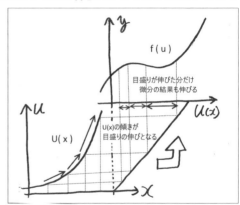

その伸び縮みした横軸の上に、もう1つの関数「$f(n)$」がのっかっている形です。

「横軸の伸び縮み」とは、図から分かる通り、下にある「関数$u(x)$の傾き」となっています。

つまり、「$u(x)$」の微分、「$u'(x)$」です。

まとめると、

$$（上のグラフの傾き）=（横軸の圧縮率）×（上の関数の微分）$$

$$\{f(u(x))\}' = u'(x)f'(u(x))$$

これが「合成関数」の微分の公式です。

たとえば、マイクの音量をツマミ1つで大きくする「アンプ」があったとします。

2台の「アンプ」を立て続けにつなげて、それぞれのツマミを同時に動かしたなら、出力の音はどう変わるでしょうか。

もし、「1段目のアンプ」で「2倍」にして、「2段目のアンプ」で「3倍」にしたなら、最終的な出力は、「2×3＝6倍」となるでしょう。

つまり、

$$（全体の変化）=（1段目の変化）×（2段目の変化）$$

これが、合成関数の微分が中身と外側の掛け算になる理由です。

調整機構を多段階に重ね合わせた仕組みは、実際にも使われています。

人工知能の中心技術である「ニューラルネットワーク」が正にそれで、「人工知能とは合成関数の微分の塊である」と言っても過言ではありません。

8-3　「合成関数の微分」の逆、「置換積分」

「微分」と「積分」は逆の演算なので、それぞれの計算ルールについても逆の関係があります。

「合成関数の微分」の逆は「置換積分」です。

なぜ置換かというと、式の一部をブロックに置き換えるからです。

＊

例を挙げましょう。

$$\int \cos(2x)\,dx$$

この式中の「$2x$」を、新たに「u」というブロックに置き換えたらどうなるか。

グラフの上で、いままで「x」だった目盛りを2倍の「u」に置き換えたなら、横軸が「1/2」に圧縮されて、面積は「1/2」になります。

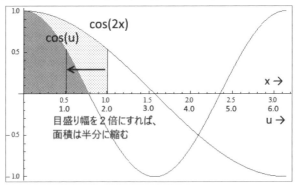

「u」で数えた面積は、「x」で数えた面積の半分となる。

これを式で表わせば、次のようになります。

$$\int \cos(2x)\,dx = \int \cos(u)\cdot\left(\frac{1}{2}\right)du$$

　右辺に出てきた「(1/2)」は、「面積が半分に縮んだ」という意味です。
　この「(1/2)」は、「x」を動かしたとき、「u」がどれだけ動くのかという変化の割合なので、微分によって知ることができます。

$$u = 2x のとき、\frac{du}{dx} = 2$$

　「x」を基準に考えれば、「u」は「x」の2倍。
　逆に「u」を基準に考えれば、「x」は「u」の1/2です。

$$\frac{dx}{du} = \frac{1}{2}$$

　以上の関係を使って、式中の「$2x$」を「u」というブロックに置き換えるのが「置換積分」という計算方法です。

$$\int \cos(2x)\,dx = \int \cos(u)\,dx \left(\frac{du}{dx}\right)\left(\frac{dx}{du}\right) = \int \cos(u)\,du\left(\frac{1}{2}\right)$$

　いったん「u」で積分を行なった後、元の「x」に戻せば計算完了です。

$$\int \cos(u)\,du\left(\frac{1}{2}\right) = \sin(u)\cdot\left(\frac{1}{2}\right) + C = \left(\frac{1}{2}\right)\sin(2x) + C$$

　見てきたように、「グラフの横軸を伸び縮みさせる」というのが、「合成関数の微分」と「置換積分」の考え方です。

・合成関数の微分…「x」を「$u(x)$」に置き換えれば、傾きは「du/dx倍」になる。

・置換積分…「x」を「$u(x)$」に置き換えれば、面積は「dx/du倍」になる。

8-4　積の微分

次に、「掛け算の微分」を見てみましょう。

「積の微分」のルールは、

$$(f \cdot g)' = f' \cdot g + f \cdot g'$$

といった具合に、各々の片割れの微分の足し合わせになります。

たとえば、

$$x^2 \cdot \sin(x)$$

の微分は

$$2x\sin(x) + x^2\cos(x)$$

です。

＊

なぜ、こうなるのか。

「積の微分」を図に表わせば、右のグラフの面積の変化になります。

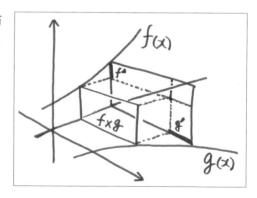

「微分」という計算はもともと「隣同士の差分」だったので、2つの関数の差分をそれぞれ「Δf」「Δg」と書くことにしましょう。

2つの関数が変化する様子は、上のグラフの1断面ですから、このようになります。

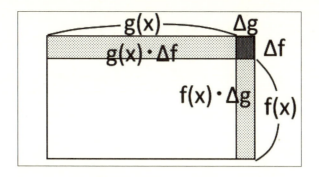

「断面の面積」を分解すると、

$$\bigl(f(x)+\Delta f\bigr)\times\bigl(g(x)+\Delta g\bigr)=f(x)g(x)+f(x)\Delta g+\Delta fg(x)+\Delta f\Delta g$$

ここで差分「Δf」「Δg」を極限まで小さくすれば、「Δf」「Δg」は小さい量同士の掛け算なので、無視できます。

図で言えば、コーナーにある一段と小さい四角形を無視するということです。

残る実質的な差分は、

$$f(x)\Delta g+\Delta fg(x)$$

なのですが、

・「Δf」を極限まで小さくしたものは、「f」の微分「f'」であり、
・「Δg」を極限まで小さくしたものは、「g」の微分「g'」なので、

結局、「積の微分」は次の公式になります。

$$\bigl(f(x)g(x)\bigr)'=f(x)g'(x)+f'(x)g(x)$$

たとえばテレビに「色調」と「明るさ」の2つの調整ツマミが付いていて、映像は「（色調）×（明るさ）」で決まるものとします。

2つのツマミを両方同時に動かしたら、映像の変化は、「色調の影響」と「明るさの影響」を足し合わせたものとなるでしょう。

（映像の変化）＝（色調の影響）＋（明るさの影響）

　もしツマミの動きがほんの少しであれば、「色調の影響」とは「（色調の変化）×（そのときの明るさ）」となるでしょう。

　同じように、「明るさの影響」とは「（そのときの色調）×（明るさの変化）」となるでしょう。

　つまり、

（映像の変化）
＝（色調の影響）＋（明るさの影響）
＝（色調の変化）×（そのときの明るさ）＋（そのときの色調）×（明るさの変化）

これが「積の微分の公式」です。

8-5　「積の微分」の逆、「部分積分」

　「積の微分」の逆は、「部分積分」です。

　「積の微分の公式」を逆に解いて、次のようなパターンを作ります。

$$(fg)' = f'g + fg'$$
$$fg' = (fg)' - f'g$$
$$\int fg' = fg - \int f'g$$

　あるいは、「f」と「g」を入れ替えて、

$$\int f'g = fg - \int fg'$$

　「積分」したい式が運良くこのパターンに当てはまれば、「積の微分」を逆にたどって、計算を行なうことができます。

> [例] $\displaystyle\int 2x\cos(x)\,dx$

この積分は、うまい具合に「$\int fg'$パターン」に当てはまります。

$f = 2x,\ g' = \cos(x)$　とおくと、

$f' = 2,\ g = \sin(x)$　となるので、

$$\text{与式} = \int fg'$$

$$= fg - \int f'g$$

$$= 2x\sin(x) - \int 2\sin(x)\,dx$$

$$= 2x\sin(x) + 2\cos(x)$$

「置換積分」も「部分積分」もパズルのような計算テクニックで、パターンに当てはめるための試行錯誤が必要です。

技巧的な「積分計算」は入試問題に格好の題材なので、詳細は受験参考書に譲るとしましょう。

> **まとめ** 「微分」「積分」の計算ルール

　高校までで覚えるべき初等関数の「微分公式」は、次の5つしかありません。

① $(x^n)' = n\,x^{n-1}$　　…n次元の体積（べき関数、累乗関数）

② $\exp(x)' = \exp(x)$　　…微分しても動かない関数（指数関数）

③ $\log(|x|)' = \dfrac{1}{x}$　　…「exp」の逆、掛け算を足し算にする（対数関数）

④ $\{\sin(x)\}' = \cos(x)$　　…4回微分すると元に戻る関数（三角関数、という
　　　　　　　　　　　　　　より円関数）

⑤ $\{\cos(x)\}' = -\sin(x)$　　…4回微分すると元に戻る関数（三角関数、という
　　　　　　　　　　　　　　より円関数）

*

さらに知っておくとよい公式が2つ（なぜか高校では出てこない）

① $\{\sinh(x)\}' = \cosh(x)$　　…2回微分すると元に戻る関数（双曲線関数）

② $\{\cosh(x)\}' = \sinh(x)$　　…2回微分すると元に戻る関数（双曲線関数）

*

　あとは、これらの組み合わせが（高校までの範囲の）微分計算法のすべて
です。

　組み合わせ方法について、特筆すべきは2つ。

①合成関数の微分：$\left\{f(u(x))\right\}' = u'(x)f'(u(x))$

②積の微分：$(fg)' = f'g + fg'$

　「微分」の計算の逆が、「積分」の計算です。

①置換積分：$\displaystyle\int f(u(x))u'(x)\,dx = \int f(u)\,du$

②部分積分：$\displaystyle\int fg' = fg - \int f'g$

　覚えるべき事項は、たったこれだけです。

「微分方程式」のエッセンス
(線形性)

> 「微分方程式」は、物理を筆頭とする「科学の核心部」です。
>
> それだけに「微分方程式」の世界は広く奥深く、ここですべてを紹介することはできません。
>
> その中で、たった1つだけ最重要エッセンスを挙げるとすれば、それは「線形性」であると思います。
>
> この章では「線形性」に焦点をあてて、「微分方程式」のエッセンスの把握を試みます。

9-1 微分しても動かない方程式

あらゆる「微分方程式」の基礎となる出発点は、これです。

$$x'(t) = x(t)$$

「xの増加は、x自身の値に等しい」と読み取れます。

ここで「$x(t)$」とは、時刻「t」に応じて刻々と変化するもの、つまり「x」は「t」の関数であることを表わしています。

「微分方程式を解く」とは、この「$x(t)$」が具体的にどのような関数なのか、正体を突き止めることです。

たとえば、「人口の増加」は、そのときの人数に比例すると考えられるので、この方程式に当てはまるでしょう。

その場合、「x」は「人口」であると解釈し、この「微分方程式」によって人口の変化が予測できるわけです。

グラフを描いて確かめてみましょう。

「$x=1$」の点での増え方が「1」である、ということは、「傾きが1」だというこ

とです。

「$x=2$」の点では、傾きが「2」になり、「$x=0.5$」の点では傾きが「0.5」になる…この調子で、グラフ上をびっしりと埋め尽くしたらなら、このようになるでしょう。

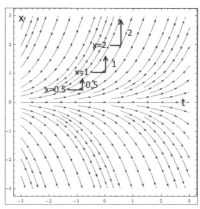

ところで、最初の式をよく見ると「xは微分しても、同じxになる」と読み取れます。

つまり、これは「微分しても動かない関数」なので、私たちはすでに1つの答を知っています（**第6章**：世にも美しい「微分」の規則参照）。

$$x(t) = \exp(t)$$

ただ、グラフを見れば分かるように、これが唯一の答ではありません。

「微分方程式」の答はただ1つではなく、一般にはグラフの平面を埋め尽くすように無数に存在します。

たとえば、スタート時の人口が「2倍」であっても、その後の増え方の傾向は同じになるはずです。

つまり答には「$\exp(t)$」の「2倍」も、「10倍」も、その他あらゆる定数倍が当てはまるので、答は、

$$x(t) = C\exp(t) \quad \cdots C は任意の大きさの定数$$

と表わすことができます。

　「微分方程式」の解は「線の流れ」になります。

　いわゆる普通の方程式(代数方程式)が分からない数を「x」と置いて立てた式であるのに対し、「微分方程式」は分からない関数を「$x(t)$」と置いて立てた式です。

　普通の方程式を解くと「x」に当てはまる数が分かるように、「微分方程式」を解くと「$x(t)$」に当てはまる関数が分かります。

　「$x(t) = C\exp(t)$」のように、任意の大きさの定数を含んだ答のことを「一般解」、「$x(t) = \exp(t)$」のように、任意の定数を固定した(たとえば、$C=1$とした)答のことを「特殊解」(特別解、特解)と言います。

　「一般解」とは、すべての場合を含む「線の集まり」、「特殊解」とは、その中の「1本の線」のことです[※1]。

＊

　次に、上の「微分方程式」の右辺をマイナスにしてみましょう。

$$x'(t) = -x(t)$$

　こんどは「xの減少は、x自身の値に等しい」と読みとれます。

　たとえば、熱い物体が冷める様子は、この方程式に当てはまります。(ニュートンの冷却の法則「温度の低下は温度差に比例する」)。

　こんどの場合、微分するとマイナスになる関数なのですから、答には、

$$x(t) = \exp(-t)$$

が当てはまります(**第6章**:世にも美しい「微分」の規則参照)。

※1　この他、例外的に「特異解」というものが現われる場合もあります。

この様子をグラフに描けば、右のようになります。

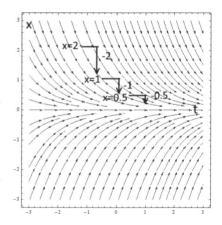

「t」を「$-t$」に置き換えたのだから、「未来を過去に置き換えた」と思えばいいでしょう。

つまり、成長が減衰に置き換わったわけで、グラフの上では「t」の軸の左右が入れ替わった形になります。

「一般解」は、

$$x(t) = C \exp(-t) \quad \cdots C は任意の大きさの定数$$

9-2 「微分方程式」を「積分」で解く（変数分離形）

同じ方程式を、数式の操作のみで解いてみましょう。

$$x'(t) = x(t)$$

微分を「ライプニッツ」の表記で書くと、操作がより分かりやすくなります。

$$\frac{d}{dt}x(t) = x(t)$$

「$x(t) \neq 0$」であるとして、両辺を「$x(t)$」で割ります。

$$\frac{\frac{d}{dt}x(t)}{x(t)} = 1$$

両辺を「t」で積分します。

$$\int \left\{ \frac{\frac{d}{dt}x(t)}{x(t)} \right\} dt = \int 1\,dt$$

$$\int \left\{ \frac{1}{x(t)}\frac{dx(t)}{dt} \right\} dt = \int 1\,dt$$

$$\int \left\{ \frac{1}{x(t)} \right\} dx(t) = \int 1\,dt \quad \cdots 置換積分による変数の置き換え$$

$$\log\left(|x(t)|\right) = t + C$$

「$1/x$」の積分は、「$\log(|x|)$」ということでした（第7章：「対数」について参照）。

「log(|x(t)|)」の微分に「合成関数の微分」を当てはめると、

$$\frac{1}{x(t)} \cdot \left(\frac{dx(t)}{dt} \right)$$

になります。

　上の式変形は、この「合成関数の微分」を逆向きに行なったものです（**第8章**：置換積分参照）。
　「C」は「積分定数」で、任意の値を入れることができます。

　「log」は「exp」の逆関数だったので、入れ替えましょう。

$$x(t) = \exp(t + C)$$

　このままでもいいのですが、もう少し整理します。

$$x(t) = \exp(t) \cdot \exp(C)$$

　「C」は、もともと任意の値だったので、改めて「exp(C)」を「C_1」と置き換えても同じことです。

$$x(t) = C_1 \exp(t)$$

　これで一般解が求まりました。
　途中で「x(t) ≠ 0」としましたが、「x(t) ≠ 0」の場合も、「$C_1 = 0$」とすれば「一般解」に含まれています。

＊

　もうひとつ、物理の基本である「自由落下」の例を取り上げましょう。
　知りたいことは、重力が働いている物体の運動「x(t)」の具体的な形です。

「ニュートンの運動方程式」（**第4章**参照）から、

（質量）×（加速度）=（重力）

$$m \frac{d}{dt^2} x(t) = mg$$

両辺を「m」で割って、

$$\frac{d}{dt^2} x(t) = g$$

両辺を「t」で積分します。

$$\frac{d}{dt} x(t) = \int g\, dt = gt + C_1$$

さらに、もう1回「t」で積分します。

$$x(t) = \int (gt + C_1)\, dt = \frac{1}{2} g t^2 + C_1 t + C_2$$

これが一般解です。

「物体の落下は、時刻の2乗に比例する」と読み取れます。

「C_1」は「初速度」、「C_2」は「スタート時の位置」を表わしており、状況に応じて任意の値を当てはめることができます。

「微分方程式」を数式で解く基本的な手順は、両辺を積分することです。

①「解きたい関数に関する項」（たとえば、「$x'(t)$」や「$x(t)$」など）を左辺に、「それ以外」（「t」や「g」など）を右辺に集める。
②両辺を積分する。

この方法で解ける「微分方程式」は「変数分離形」と呼ばれています。

「未知の関数」と「それ以外」が、左辺と右辺でキレイに分かれる、といったニュアンスです。

9-3 「2階の微分方程式」と線形性

「微分方程式」の階数を、「2階」に上げてみましょう。

「位置の2階微分」は「加速度」となっているため、「2階の微分方程式」は力学の本質を表わします。

$$x''(t) = x(t)$$

この式は、「2階微分」しても動かない、つまり「変化の変化が一定である」と読み取れます。

式のイメージを把握するため、「2階の微分」を2つに分けてみます。

「$v(t) = x'(t)$」とおくと、上の方程式は、

$$x'(t) = v(t)$$
$$v'(t) = x(t)$$

2つに分割した方程式はそれぞれ、
・「x」の変化は「v」の値に比例する。
・「v」の変化は「x」の値に比例する。
と読み取れます。

このルールに従って「$x(t), v(t)$」のグラフを描くと、右のようになります。

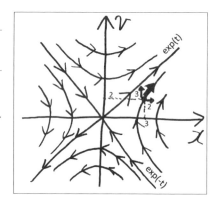

たとえば、
・「$x = 3, v = 0$」の点では、「v」が +3 変化する。
・「$x = 3, v = 2$」の点では、「x」が +2 変化し、「v」が +3 変化する。
などを、全平面に渡ってプロットすれば、グラフの上での流れが見えてくるわけです。

＊

 ところで、この方程式の解の1つは、微分しても動かない関数「$\exp(x)$」が当てはまるはずです。
(1回微分して動かないのであれば、当然、2回微分しても動かないはずなので)。

 流れのグラフの「右上がり斜め45度」のライン上（「$x = v$」の線上）を見ると、確かにそこは指数的な増加を示しています。
 45度ライン上の流れは、「x」の値そのもの、「v」の値そのものに比例して拡大しています。

 しかし、「$\exp(t)$」はグラフ上の特殊な場合だけです（つまり「特殊解」です）。
 反対側の、「右下がりの斜め45度ライン」（「$x = v$」の線上）では、流れは反対の縮小傾向にあります。
 ということは、もう1つの解は「$\exp(-t)$」であろうと想像がつくでしょう。

 試しに「$\exp(-t)$」を2回微分してみると元に戻るので、たしかに元の方程式のもう1つの「特殊解」になっています。

*

 では、2つの「特殊解」の間にある、グラフ平面上の残りの大半はどうなっているのでしょうか。
 その答は、2つの特殊解「$\exp(t)$」と「$\exp(-t)$」を適当な割合で足し合わせたものになります。

 式で表わせば、

$$x(t) = C_1 \exp(t) + C_2 \exp(-t)$$

が一般解です。

 なぜ、足し合わせになるのか。
 それは、グラフ上の流れが「ベクトルの合成」で表わせるからです。

 たとえば、グラフ上の適当な1点、「$x = 3, v = 2$」を取ってみましょう。
 この点における流れは、「$x = 3, v = 0$」の流れと、「$x = 0, v = 2$」の流れを合成したものになっています。

　なぜなら、グラフの座標も元の方程式も、「x」と「v」の2つの成分に分解できるからです。

　グラフの上で「$x=3$」の線上にある点での流れは、すべて「v」が「+3」だけ変化します。
　「v」の変化は「x」のみに依存し、それ以外は関係ありません。
　同様に、「$v=2$」の線上にある点での流れは、すべて「x」が「+2」だけ変化します。
　「x」の変化は「v」のみに依存し、それ以外は関係ありません。

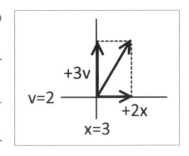

　つまり、グラフ平面の上で、「x」と「v」は自由に分解や組み立てができるのです。
　それが「x」と「v」の流れを「ベクトルとして合成できる」という意味です。

　流れの足し合わせは、何も「x軸」「v軸」だけとは限りません。
　今の例で言えば、「斜め45度ライン」の2本の線、「$\exp(t)$」と「$\exp(-t)$」の足し合わせについても同様です。

　それどころか、「グラフ平面上」で、「平行ではない2本の線」[※2]についてであれば、何であれ、足し合わせが成り立ちます。

＊

　この足し合わせは、「微分方程式」を解く上で強力な武器になります。
　今見ているような「2階微分方程式」の場合、どんな方法でも（偶然でも）いいから、とにかく2つの（一次独立な）「特殊解」を見つけてしまえば、残りの一般解は、「特殊解」の足し合わせですんでしまうからです。

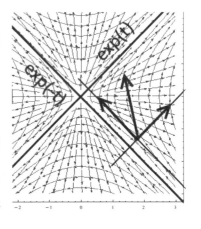

※2　「平行な2本の線」とは、たとえば「$\exp(t)$」と「$2\exp(t)$」のように実質上「重複」している解のことです。
　2本の「ベクトル」が「平行」に重なっていることを「一次従属」、重なっていないことを「一次独立」と言います。

「ベクトルとして合成できる」「解の足し合わせ」が成り立つ性質のことを「微分方程式の線形性」と言います。

元はと言えば、「微分」という計算のもつ線形性から導かれる性質です。

「微分の線形性」とは、次の性質のことでした（**第8章**：「微分」の計算ルール）。

$$(f+g)' = f' + g' \quad \cdots 加法性$$

$$(Cf)' = Cf' \quad \cdots 定数倍を保つ \quad (Cは任意の定数)$$

すべての「微分方程式」が線形性を有しているわけではありません。

「微分方程式」の中でも、特に、性質の良いもの、「x」と「v」のような成分に分解できるようなものだけが線形と呼ばれています。

＊

ところで、2回微分して元に戻る関数には、「sinh, cosh」というものがありました（**第6章**：世にも美しい「微分」の規則）。

ということは、「$\sinh(t), \cosh(t)$」もまた、問題の方程式「$x''(t) = x(t)$」の解としてあてはまります。

つまり、この「微分方程式」の一般解は、次のようにも書けるわけです。

$$x(t) = C_1 \sinh(t) + C_2 \cosh(t)$$

何だか次々と解が発見されるようで混乱するかもしれませんが、そのカラクリも「線形性」（分解組み立て可能なところ）にあります。

「sinh」「cosh」「exp」には、次のような関係があります。

$$\sinh(t) = \frac{\exp(t) - \exp(-t)}{2}$$

$$\cosh(t) = \frac{\exp(t) + \exp(-t)}{2}$$

なぜこうなるか、**第6章**の「動かない微分の表」を見れば、この組み合わせが成り立つことが確認できるでしょう。

同じグラフ上の流れを、2本の「斜め45度ライン」を基準に見たのが、

$$x(t) = C_1 \exp(t) + C_2 \exp(-t)$$

という解。

2組の「双曲線」を基準に見たのが、

$$x(t) = C_1 \sinh(t) + C_2 \cosh(t)$$

という解です。

どちらも同じ実体を、別の基準から眺めたものなのです。

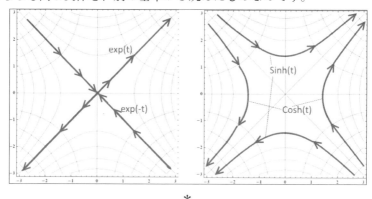

＊

ところでこの「2階微分しても動かない方程式」とは、具体的にどのような状況に当てはまるのでしょうか。

筆者は、個人的に「好敵手方程式」であると捉えています。

・「xの向上」は「v」に比例し、「vの向上」は「x」に比例する。
・お互いが影響し合い、高みを目指す。

これはまさに「好敵手と書いて友と読む」関係と言えるでしょう。

この関係が築かれれば、お互いが指数的に成長することが方程式の帰結として得られます。

＊

「好敵手方程式」に類似のものとして、「ランチェスター第2法則」(集中効果の法則)が挙げられます。

「ランチェスター第2法則」の基本モデルは、「好敵手方程式」にマイナスを付けたものです。

$$x'(t) = -v(t)$$
$$v'(t) = -x(t)$$

2つの軍隊「x」と「v」が戦ったとき、「x軍」の数に比例して「v軍」が減り、「v軍」の数に比例して「x軍」が減っていく。

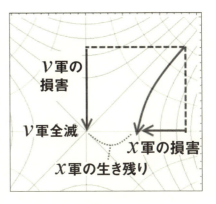

そのような状況を想定したなら、「両軍の数」は「双曲線」を描いて減少します。

ここから、「戦力は数の2乗に比例する」という一般則が得られます。

つまり "戦いは数" なのです。

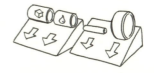

9-4　物理に頻出、「バネの方程式」

次に「動かない2階の微分方程式」の、右辺にマイナスを付けた方程式を取り上げます。

$$x''(t) = -x(t)$$

物体の位置の「2階微分」は「加速度」に相当し、「加速度」は「力」に比例するということでしたから、この式は「力が位置の変位に比例して逆向きに働く」状況であると読み取れます。

具体的には、引っ張った長さのぶんだけ元に戻ろうとする、「バネの運動」を表わす「微分方程式」です。
（ただし「物体の質量」と、「バネの強さ」を示す比例定数は省略しています）。

上と同様に、2つの式に分解すると、

$$x'(t) = v(t)$$
$$v'(t) = -x(t)$$

2つのベクトル「(x, v)」と「$(v, -x)$」が直角に交わることを思い起こせば、グラフ上の流れは次のようになるでしょう。

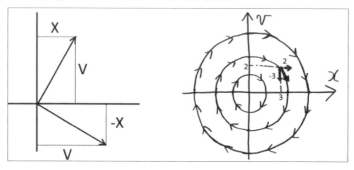

物体の状態は、「xv平面上」で円を描くように遷移します。
「x」は「円運動」の投影ですから、一般解は、

$$x(t) = C_1 \cos(t + C_2)$$

「C_1」と「C_2」は「振幅」と「最初のスタート位置」を表わします。

「バネの運動」というところから予想される通り、「$x(t)$」は「振動」を表わす三角関数(円関数)「$\cos(x)$」になります。

*

先の「2階微分しても動かない方程式」と同様、「バネの方程式」にも別の角度から眺めた一般解があります。

たとえば一般解を、

$$x(t) = C_1 \sin(t) + C_2 \cos(t)$$

と書くこともできます。

なぜ「sin」と「cos」の足し合わせとなるのか。

その理由はやはり「ベクトルの合成」にあって、一般解は「xv平面上」でのベクトルを足し合わせたものになっているからです。

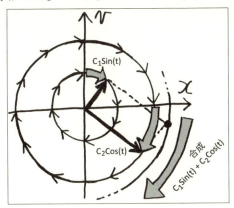

もっと興味深い一般解は、虚数「i」を用いて、

$$x(t) = C_1 \exp(it) + C_2 \exp(-it)$$

と表わしたものです(虚数「i」とは、「$i \times i = -1$」となる数のことでした)。

なぜ「虚数」なのか不思議に思えるかもしれませんが、元を正せば「動かない微分の表」（**第6章**）に従って、「sin」「cos」「exp」という関数が互いに結びついているからなのです。

改めて「プラス」「マイナス」の2つを並べると、際だった対応関係があることに気付くでしょう。

2階微分しても動かない方程式	バネの運動方程式
$x''(t) = x(t)$	$x''(t) = -x(t)$

一般解	
$C_1 \exp(t) + C_2 \exp(-t)$	$C_1 \exp(ix) + C_2 \exp(-it)$

いまひとつの一般解	
$C_1 \sinh(t) + C_2 \cosh(t)$	$C_1 \sin(t) + C_2 \cos(t)$

さらなる一般解	
「双曲線関数」の合成	「三角関数」の合成
$C_1 \sinh(t + C_2)$	$C_1 \sin(t + C_2)$
$C_1 \cosh(t + C_2)$	$C_1 \cos(t + C_2)$

9-5　「線形微分方程式」のシステマティックな解法

「微分方程式」の本質は「流れのグラフ」にあります。

「流れのグラフ」とは、「小さな変化のベクトル」の集まりです。

もしそれらの「ベクトル」の分解や組み立てが可能であれば、基本となる「ベクトル」を取り出すことによって、流れの全体を把握できます。

すなわち、「微分方程式」を解くことができます。

基本となる「ベクトルの数」は、「微分の階数」と等しくなります。

2階であれば2本、3階であれば3本、「n階であればn本」。

「流れのグラフ」の次元もまた、「微分の階数＝ベクトルの本数」に等しくなります。

＊

では、流れの中からとある1つの「基本のベクトル」が取り出せたとして、それを方程式の一般解に結びつけるには、どうすれば良いでしょうか。

実は、ルールは2つしかありません。

［ルール1］「基本のベクトル」が軸に沿っていれば、「$\exp(t)$」という形に発展する。

［ルール2］「基本のベクトル」が軸に直交していれば、「$\sin(t),\ \cos(t)$」という形に発展する。

これら2つのルールは、「2階の微分方程式」、

$x''(t) = x(t)$　…ルール1、軸に沿って発展するタイプ

$x''(t) = -x(t)$　…ルール2、軸に直交して発展するタイプ

にハッキリと見て取ることができます。

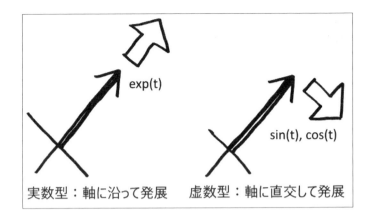

実数型：軸に沿って発展　　虚数型：軸に直交して発展

　なぜ、これら2つのルールで充分であると言えるのか。

　ここでも根本の理由は、「ベクトル」が分解や組み立てが可能であることにあります。

　とある「軸に沿うベクトル」と、「軸に直交するベクトル」の2つさえ分かっていれば、それ以外の「斜めのベクトル」はすべて、2つのベクトルから組み立てることができるからです。

（一般的な斜めのベクトル）

$=C_1×$（軸に沿うベクトル）$+C_2×$（軸に直交するベクトル）

＊

　さらに幸運なことに、「ルール1」と「ルール2」を数式の上で1つに統合する方法があります。

　それは「オイラーの公式」「虚数」を介して「sin」「cos」と「exp」を結びつける公式です（**第6章**参照）。

$$\sin(t) = \frac{\exp(it) - \exp(-it)}{2i}$$

$$\cos(t) = \frac{\exp(it) + \exp(-it)}{2}$$

　「sin, cos」は、虚数まで含めた「exp」に置き換えることができる。

　ここから「線形微分方程式」をシステマティックに解く道が一気に開けます。

その方法とは、基本となるベクトルを、複素数まで含めた「exp」に置き換えることです。

解の形が「exp」になることが分かっているので、最初から方程式の「$x(t)$」を「$\exp(\lambda t)$」と置き、あとは具体的に「λ」を求めることに専念すればよい、というわけです。

＊

このシステマティックな方法を、いま一度「2階の微分方程式」に当てはめてみましょう。

$$x''(t) = x(t)$$

「$x(t)$」を「$\exp(\lambda t)$」と置き、あとは具体的に「λ」を求めることに専念します。

$$\{\exp(\lambda t)\}'' = \exp(\lambda t)$$

ここで、「$\{\exp(\lambda t)\}' = \lambda \exp(\lambda t)$」ですから（**第8章：合成関数の微分参照**）、

$$\lambda^2 \exp(\lambda t) = \exp(\lambda t)$$
$$(\lambda^2 - 1)\exp(\lambda t) = 0$$

こうすれば、「2階の微分方程式」は事実上「λの二次方程式」に帰着されます。

$$\lambda^2 - 1 = 0 \text{から、} \lambda = \pm 1$$

基本となる「ベクトル」に対応する特殊解は、「λ」を元の式に戻して、「$\exp(+1t)$」と「$\exp(-1t)$」の2つ。

一般解は、「2つの特殊解」の組み合わせである、

$$x(t) = C_1 \exp(t) + C_2 \exp(-t)$$

　たしかに、「流れのグラフ」で考えた通りの過程が、数式の上で踏襲されています。

＊

同じように、「バネの方程式」にも当てはめてみましょう。

$$x''(t) = -x(t)$$

「$x(t)$」を「$\exp(\lambda t)$」と置き、あとは具体的に「λ」を求めることに専念します。

$$\{\exp(\lambda t)\}'' = -\exp(\lambda t)$$
$$\lambda^2 \exp(\lambda t) = -\exp(\lambda t)$$
$$(\lambda^2 + 1)\exp(\lambda t) = 0$$
$$\lambda^2 + 1 = 0 \text{から、} \lambda = \pm i$$

　こんどの場合、一般解は複素数になり、やはりグラフの考え方と一致します。

$$x(t) = C_1 \exp(it) + C_2 \exp(-it)$$

　解の挙動は概ね、「λ」が実数のときには「発散」（「マイナス」の場合は「縮小」）を示し、虚数のときには「回転・振動」を示します。

9-6 「階数」が入り混じっても同じこと

以上を組み合わせて、次のように「2階」と「1階」の微分が混ざった方程式はどうなるでしょうか。

$$x''(t) + 2x'(t) = -5x(t)$$

これは「バネの方程式」に、「速度」に比例する「摩擦力」を付け加えた状況に相当します。

この例では具体的に、「摩擦力」に「2」、「バネの強さ」に「5」という係数をあてがいました。

このようなケースであっても、解を「exp」と置く方法は、依然有効です。

$$x'(t) = v(t)$$
$$v'(t) = -5x(t) - 2v(t)$$

「v」の変化に着目し、それが$(-5x)$と$(-2v)$の合成であると考えます。

まず「$v'(t) = -5x(t)$」とした「流れのグラフ」を描いてみましょう。
これは摩擦がなかった場合の運動に相当します。

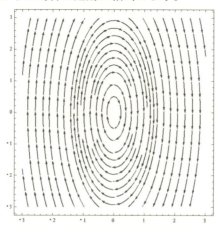

次に、「$v'(t) = -2v(t)$」とした「流れのグラフ」は、こうなります。
これは「摩擦」だけを取り出した場合の運動です。

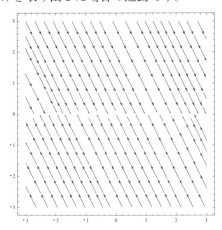

この2つのグラフの重ね合わせたものが、当初の問題のグラフです。

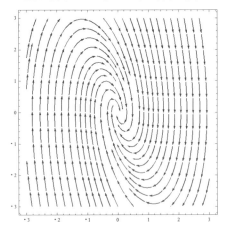

「小さい変化のベクトル」の分解や組み立てができる性質は、今の場合にも
成り立っているので、解を最初から「exp」と置く方法が有効なのです。
当初の微分方程式の「$x(t)$」を「$\exp(\lambda t)$」に置き換えると、

$$\{\exp(\lambda t)\}'' + 2\{\exp(\lambda t)\}' = -5\exp(\lambda t)$$

$$\lambda^2 \exp(\lambda t) + 2\lambda \exp(\lambda t) + 5\exp(\lambda t) = 0$$

$$(\lambda^2 + 2\lambda + 5)\exp(\lambda t) = 0$$

「λ」の2次方程式を解いて、

$$\lambda = -1 - 2i, \ -1 + 2i$$

一般解は、次の通りです。

$$x(t) = C_1 \exp(-t)\cos(2t) + C_2 \exp(-t)\sin(2t)$$

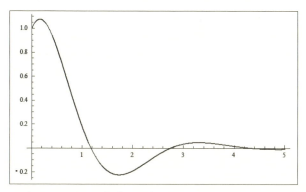

「$C_1 = C_2 = 1$」としたときの解「$x(t)$」のグラフを描くと、摩擦力で減衰する振動の様子が描き出されます。

「微分方程式」を成す小さな流れのベクトルの分解や組み立てが可能であれば、解「$x(t)$」を「$\exp(\lambda t)$」と置くことで、問題を「λ」の「代数方程式」に帰着できます。

そう思うと、いかに「線形性」が有用であるか実感できるでしょう。

*

「線形微分方程式」を解く過程で取り出された「λ」の代数方程式のことを「特性方程式」と言います。

「特性方程式」には、小さい変化のベクトルがどのように発展するか、その特性が記されています。

「特性方程式」の答が、

・「実数」で「プラス」なら、変化のベクトルは「拡大」。

・「実数」で「マイナス」なら、「縮小」。

・「虚数」で「プラス」なら、「右向き回転」。

・「虚数」で「マイナス」なら、「左向き回転」。

　なお、「右向き」「左向き」というのは、グラフの上で便宜的に付けただけで、本当は「虚数」なので、どちらの向きであるとも言えません。

　ただ、一方が他方の反対向きであることだけは確かです。

9-7　「線形」は一次式、「非線形」はそれ以外

　ここまでの結果を見ると、どんな「微分方程式」も、「ベクトル」の分解や組み立てで解決できるような錯覚に陥るかもしれません。

　しかし、分解や組み立てのできない「微分方程式」も無数に存在します。

　たとえば、次の「微分方程式」は線形ではありません。

$$\{x''(t)\}^2 = x(t)$$

　この方程式を、これまでと同じ要領で「x」と「v」にうまく分解できるでしょうか。

　「2階微分」の2乗がどうにも邪魔立てして、うまく整理がつかないでしょう。

　この例のように分解や組み立てが効かない方程式を「非線形微分方程式」と言います。

＊

　「線形」と「非線形」の境界はどこにあるのか。

　具体的には、微分の一次式が「線形」で、それ以外は「非線形」です。

　一次式とは、

$$ax(t) + bx'(t) + cx''(t) + dx'''(t) + \cdots = f(t)$$

のように、「n階」の「微分」の項を足し算で結合した式のことです。

（一般的には、「$a, b, c \cdots$」は「$a(t), b(t), c(t) \cdots$」のような関数です）。

　一次式は"素直に"足し算、引き算ができるので、ことさら扱いやすい方程式だったのです。

　一次式以外の「非線形微分方程式」は扱いが非常に難しく、大半は解析的に

解くことができません。

まとめ 「微分方程式」は「ベクトル」の流れ

● 「微分方程式」の解は「線の流れ」となる。

数値「x」を解くのが「代数方程式」。

関数「$f(x)$」を解くのが「微分方程式」。

「代数方程式」の答は"点"、「微分方程式」の答は"線"。

● 変数分離形

「微分方程式」の、最も基本的な解法。

「未知の関数」を左辺に、「それ以外」を右辺に集めて、両辺を積分する。

● 流れのベクトル

「2階の微分方程式」は「x」と「$v = x'(t)$」の流れ図から挙動を把握できる。

> **[ルール1]**「基本のベクトル」が軸に沿っていれば、「$\exp(t)$」という形に
> 発展する。
>
> この場合、流れは軸に沿って拡大縮小する。
>
> **[ルール2]**「基本のベクトル」が軸に直交していれば「$\exp(it)$」、つまり
> 「$\sin(t),\ \cos(t)$」という形に発展する。
>
> この場合、流れは軸に直交して回転する。

● 「微分方程式」が線形であれば、ベクトルの分解や組み立てができるの
で、「特殊解」の組み合わせ(一次結合)によって解ける。

● システマティックな解法

基本的な「線形微分方程式」であれば、解を「$\exp(\lambda t)$」と置いて、問題を
「λ」の代数方程式に帰着できる[※3]。

※3 この方法で解けるのは「定数係数の線形斉次 常微分方程式」。詳しくは次章参照。

第 10 章

「微分方程式」のエッセンス（定数変化法）

> 　一般に「微分方程式」は解くことが非常に難しいのですが、こと「線形な方程式」に限れば、公式的な解法が知られています。
> 　「定数変化法」はそうした解法の1つで、空気抵抗のある物体など、実際にも応用価値の高い方法です。
> 　「定数変化法」のこころは、解空間全体をびっしり覆い尽くした「曲線群」の上を順番に渡り歩く、というイメージです。

10-1　「微分方程式」の分類

　「微分方程式」には「線形／非線形」の区分の他にも、いくつかの分類があります。

■ 斉次／非斉次

　問題としている微分を含む関数を、一斉に定数倍しても成り立つ方程式が、「斉次方程式」です。

　別の言い方で、「同次」とも言います。

　たとえば以下については、「$x(t)$」を2倍にしても式が成り立つかどうかで判別できます。

$$x''(t) + x'(t) + x(t) = 0$$
$$2x''(t) + 2x'(t) + 2x(t) = 0$$
　…2倍にしても成り立つので斉次

$$(x''(t))^2 + (x'(t))^3 + x(t) = 0$$

$$(2x''(t))^2 + (2x'(t))^3 + 2x(t) = 4(x''(t))^2 + 8(x'(t))^3 + 2x(t) = ?$$

…2倍にすると、2乗や3乗の大きさが異なるので非斉次

$$x''(t) + x'(t) + x(t) = 5t$$

$2x''(t) + 2x'(t) + 2x(t)$は「$5t$」になるのか？

…2倍にすると、右辺と釣り合わなくなるので非斉次

　「線形／非線形」と、「斉次／非斉次」は、何かと混同しやすいのですが元来別の概念です。

　未知関数の一次式が「線形」、一方、同じ次数を左辺にまとめたとき「右辺＝0」となるのが「斉次」です。

■ 常微分方程式／偏微分方程式

　これまで見てきた「微分方程式」は、一変数関数「$x(t)$」に関するものでしたが、一般には「多変数関数」、たとえば「$x(t, u, v)$」などに関する「微分方程式」といったものも考えられます。

　「一変数」の場合を「常微分方程式」、「多変数」の場合を「偏微分方程式」と言います。

■ 定数係数／変数係数

　これまで見てきた「微分方程式」では、「$2x'(t)$」のように係数が「定数」でしたが、たとえば「$t^2 x'(t)$」のように、係数が「変数関数」となっていることも考えられます。

　係数が定数だけの場合を「定数係数」と言い、「変数関数」が含まれる場合を「変数係数」と言います。

　前の章で見てきた「微分方程式」は、いちばんの基本である「定数係数の線形斉次常微分方程式」だったということです（何て長い名前だ！）。

10-2 「非斉次」には「定数変化法」

「非線形」「偏微分」「変数係数」、いずれも一筋縄ではいかない難問ですが、その中にあって「非斉次方程式」には取っ掛かりの方法があります。

それが「定数変化法」です。

＊

そもそも「非斉次」とは、いかなる状況に登場するのか。

ざっくり言えば「基本となるベースに、二次的な要素を付け加えた状況」です。

以下に例を挙げます。

【例1】資源の制限のある人口増加

何の制限もなく、「現在の人口」に比例して増加する状況を「斉次方程式」とするなら、そこに「資源の制限を加えた人口増加」は「非斉次方程式」で表わすことができます。

【例2】「空気抵抗」のある物体の落下

物体の動く速度に比例する「空気抵抗」だけが働いている状況を「斉次方程式」とするなら、そこに「重力」が加わった落下の運動は「非斉次方程式」で表わすことができます。

こうした状況を解くため、「定数変化法」は、次の2ステップから成り立っています。

[STEP1] 方程式を非斉次にしている項をいったん外して、まず「斉次」にした方程式を解く。

ここで得られた解を「斉次解」と言う。

[STEP2] 「斉次解」の「積分定数」を関数と見なし、改めて元の方程式に代入することで、一般解を得る。

例として、「資源の制限のある人口増加モデル」を考えてみましょう。

・「人口」は、そのときの「人数」に比例する。
・「人口」が多くなるにつれて、「資源の制限」により、「人口増加率」が下がってくる。

この考え方を「微分方程式」に表わすと、次のようになります。

$$x'(t) = x(t)\{1 - x(t)\}$$

「$x(t)$」は、「人口増加」の関数。

「$\{1 - x(t)\}$」は、「資源の制限からくる人口増加率の低下」を表わす項。

「人口増加率」「低下率」「最大許容人口」などはすべて「1」としている。

解をグラフに描くと、このようになります。

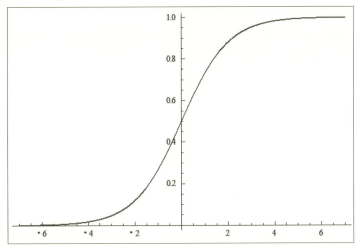

*

　この方程式は、「ロジスティック方程式」と名付けられており、「流行の伝搬普及」や、「2値の確率的予測」(ロジスティック回帰分析)、はたまた「ニューラルネットワーク」にまで広く応用されています。

　このS字カーブが、連続値を「2値」に変換するのに好都合だからです。

「ロジスティック方程式」を「定数変化法」で解いてみましょう[1]。

$$x'(t) = x(t) - (x(t))^2$$

「定数変化法」の大筋に従って、次の2ステップで臨みます。

[STEP1] まず「増加率の低下」がないものと考え、二乗の項をいったん外した方程式をベースにする。

[STEP2] 次に、いったん除いた二乗の項を付け加えて、[STEP1]の解を修正する。

■ STEP1

まず、「二乗の項」を外して考えれば、

$$x'(t) = x(t)$$

これは基本の「動かない方程式」だったので、解は、

$$x(t) = C \exp(t) \quad \cdots 斉次解$$

ということでした（**第9章**参照）。

この解のことを「斉次解」と言います。

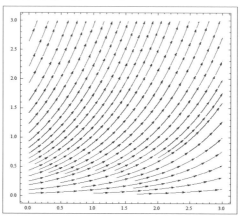

※1 「変数分離形」に帰着して解く方法もあるのですが、ここでは「定数変化法」の例として取り上げます。

　重要なポイントは、「斉次解」の曲線群が平面全体を覆い尽くしているという点にあります。
　「斉次解」に含まれる積分定数「C」を変化させれば、「解曲線」は平面を塗りつぶすように、すべての点を通過します。

■ STEP2

　ここで、「二乗の項」を付け加えた解のことを「最終目的解」と言うことにします。

　「最終目的解」も、やはり同じ平面上にあるのだから、平面を覆い尽くしている「斉次解」の曲線群を横断するように、一点一点で交わっているはずです。
　ということは、時刻「t_1」では解曲線「$C_1 \exp(t)$」を、時刻「t_2」では解曲線「$C_2 \exp(t)$」を、時刻「t_3」では解曲線「$C_3 \exp(t)$」を…といった具合に、次々と順番に「解曲線」のレールの上を渡り歩けば、最終目的解が作れるはずです。

　これが「定数を変化させる方法」の意味です。

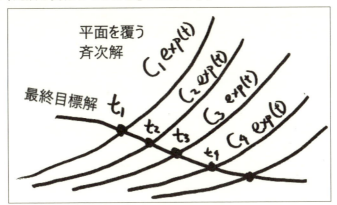

　式の上では積分定数「C」を変化させるべく、「$C(t)$」という関数であると見なします。

$$x(t) = C(t)\exp(t) \quad \cdots 斉次解の「積分定数」を関数と見なす。$$

あとは、何とかして、この「$C(t)$」の正体を突き止めればいいわけです。

そこで、この「$C(t)$」を含んだ「斉次解」を、元の方程式に代入します。

$$\bigl(C(t)\exp(t)\bigr)' = C(t)\exp(t) - \bigl(C(t)\exp(t)\bigr)^2$$

なぜ代入できるのか、しつこく言うと、この方程式は、

・時刻「t_1」では、「$C(t_1)\exp(t_1)$」と「最終目的解」の交点を表わし、

・時刻「t_2」では、「$C(t_2)\exp(t_2)$」と「最終目的解」の交点を表わし、

・時刻「t_3」では、「$C(t_3)\exp(t_3)$」と「最終目的解」の交点を表わし、

…以下同様だからです。

$$C'(t)\exp(t) + C(t)\bigl\{\exp(t)\bigr\}' = C(t)\exp(t) - \bigl(C(t)\exp(t)\bigr)^2$$

左辺は「積の微分」です。

式の両辺を比較すると、「$\{\exp(t)\}' = \exp(t)$」ですから、同じ項同士が消去できて、

$$C'(t)\exp(t) = -\bigl(C(t)\exp(t)\bigr)^2$$

であることが分かります。

これを改めて「$C(t)$」の「微分方程式」と見なして解くことになります。

幸いなことに、こんどは変数分離形になり、両辺を式の上で積分すると、

$$C'(t) = -\bigl(C(t)\bigr)^2 \exp(t)$$

$$\frac{1}{\bigl(C(t)\bigr)^2}\frac{dC(t)}{dt} = -\exp(t)$$

$$\int \frac{1}{\bigl(C(t)\bigr)^2}\frac{dC(t)}{dt}\,dt = -\int \exp(t)\,dt$$

$$-\frac{1}{C(t)} = -\exp(t) + C_1$$

$$C(t) = \frac{1}{\exp(t) + C_1}$$

※C_1は積分定数で値は不定なので、符号を変えても差し支えはありません。

これで、「$C(t)$」の正体が分かりました。

先の「斉次解」に戻って「C」を「$C(t)$」で置き換えると、最終目的解は、

$$x(t) = C(t)\exp(t)$$

$$= \frac{1}{\exp(t) + C_1}\exp(t)$$

$$= \frac{1}{\left\{\dfrac{\exp(t) + C_1}{\exp(t)}\right\}}$$

$$= \frac{1}{1 + C_1 \exp(-t)}$$

＊

以上が、「定数変化法」による「非斉次方程式」の解法です[※2]。

10-3 「空気抵抗」のある物体の落下

さらなる例として、「空気抵抗」のある物体の落下を取り上げましょう。

$$m\frac{dv(t)}{dt} = mg - kv(t)$$

$v(t)$：物体の速度。時刻「t」の関数である$v(t) = \dfrac{dx(t)}{dt}$。

k：空気抵抗の比例係数

m：質量

g：重力定数

分かりやすいように、両辺を「m」で割り、改めて「$(k/m) = K$」と置きましょう。

$$\frac{dv(t)}{dt} = g - Kv(t)$$

「定数変化法」のステップに従って解いてみましょう。

※2 ところで、「ロジスティック方程式」には、「$x(t) = 0$」という解があります。
けれど、「C」をどんなに動かしても、この「$x(t) = 0$」は含まれていません。
これが例外的な「特異解」の一例です。

[STEP1]「重力」が無かった場合の「運動」を考える。

[STEP2]「重力」を「定数変化法」で入れる。

■ STEP1

「重力」が「0」の場合、いったん「$g=0$」であるとした方程式は、

$$\frac{dv(t)}{d}t = -Kv(t)$$

と簡略化されます。

この解は、

$$v(t) = C\exp(-Kt)$$

これが、「斉次解」です。

グラフに描くと、物体の運動が徐々に収まって、「0」に近付く様子が見て取れるでしょう。

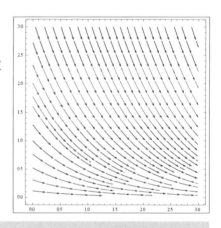

■ STEP2

「斉次解」の「C」を「$C(t)$」という関数であると見なして、元の方程式に代入します。

$$\{C(t)\exp(-Kt)\}' = g - KC(t)\exp(-Kt)$$

左辺は「積の微分」なので（**第8章**：積の微分参照）、

$$C'(t)\exp(-Kt) + C(t)\{-K\exp(-Kt)\} = g - KC(t)\exp(-Kt)$$

うまい具合に、両辺から同じ項が消去できます。

$$C'(t)\exp(-Kt) = g$$

$$C'(t) = \frac{g}{\exp(-Kt)} = g\exp(Kt) \quad \cdots 両辺を積分する$$

$$C(t) = \frac{g}{K}\exp(Kt) + C_1$$

これで「$C(t)$」の正体が分かりました。
これを「斉次解」に戻って代入すると、

$$v(t) = C(t)\exp(-Kt)$$

$$= \left(\frac{g}{K}\exp(Kt) + C_1\right)\cdot\exp(-Kt)$$

$$= \frac{g}{K} + C_1\exp(-Kt)$$

$$= \frac{mg}{k} + C_1\exp(-Kt) \quad \cdots (K を元の k/m に戻した)$$

これが最終目的の一般解です。

一般解をグラフに描くと、次のようになります。

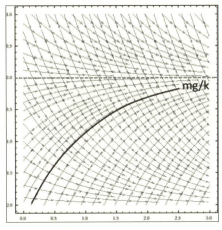

　結果的には、先の「斉次解」に一定のゲタを履かせた形となっています。

　この一定のゲタは、「$v(t) = mg / k$」で表わされるもので、「落下速度」が「空気抵抗」と釣り合った状況を表わしています。

まとめ 「非斉次方程式」は２ステップで

● 「微分方程式」の分類
　未知関数の一次式が「線形」。
　同じ次数を左辺にまとめたとき「右辺＝０」となるのが「斉次」。

● 「非斉次方程式」は次の２ステップで解く

[STEP1]
いったん「右辺＝０」とした「斉次方程式」の解を求める（これが「斉次解」）。

[STEP2]
「斉次解」の積分定数「C」を、「$C(t)$」という関数であると見なし、元の方程式に代入して「$C(t)$」を決定。

● なぜこれで解けるのか
　「斉次解」の曲線は、画面全体（解空間全体）をびっしり覆い尽くしており、「定数」を変化させることは、次々と順番に「解曲線」のレールの上を渡り歩くことだから。

第11章

「ポニーテール」を
華麗に揺らす方法

> 「微分方程式」の具体的な使い方として、「ポニーテールの運動」を取り上げます。
>
> たかが「ポニーテール」と侮るなかれ。
>
> 現実の運動は、単純に割り切れない幾多の要因から成り立っており、私たちが方程式として切り出せるのは、その中のほんの一部に過ぎません。
>
> 「運動の解析」とは、単純な仮定から、より複雑な仮定への絶えざる問いかけのプロセスなのです。

11-1 「ポニーテール」でイグノーベル賞

「ポニーテール」…何と甘美な響きでしょう。

実際、ジョギングに揺れる「ポニーテール」に惹かれて、子ぎつねのようについていく男性ジョガーたちの姿はしばし目撃されるところです。

おそらくJoseph Keller教授も、そんな「ポニーテール」の魅力に抗えなかった1人であろうと思われます。

> ジョギングで頭は上下に動くのに、なぜ「ポニーテール」は左右に揺れるのだろうか。

そんな疑問を抱いた教授は、「ポニーテールの力学」を深く研究し、みごと2012年「イグノーベル物理学賞」[1]に輝きました。

受賞論文のタイトルは「Ponytail Motion」(ポニーテールの運動)です。

※1 「イグノーベル賞」とは、人々を笑わせ、そして考えさせてくれる研究に対して与えられるユニークな賞です(もちろん本物のノーベル賞とは別ものです)。
　2012年イグノーベル物理学賞は、以下のもう1つの論文との共同受賞となっています。
・「ポニーテール」の形状と髪の毛の束の統計物理
The Shape of a Ponytail and the Statistical Physics of Hair Fiber Bundles"

さすがに本格的な論文だけあって、読解にはそれなりの下準備が必要です。
まずは簡単な実験からスタートしましょう。

11-2　「エクステ」で実験

本物の「ポニーテール」で実験をするのは難しいので、代わりに「エクステ」
と呼ばれる付け毛を用いました。
(「エクステ」は100円ショップで入手しました。こんなものが100円で売って
いるとは驚きです)。

「エクステ」の長さを変えて、20m程度の距離を、「歩いた場合」と「走った
場合」について、「ポニーテールが揺れる様子」を動画に撮影しました。
　後からビデオをコマ送りで調べ、結果をまとめたのが下の表です。

cm	歩き（度）	走り（度）
38	12.5	28.5
30	25.3	84.2
22	20.4	144.0
15	44.6	169.2

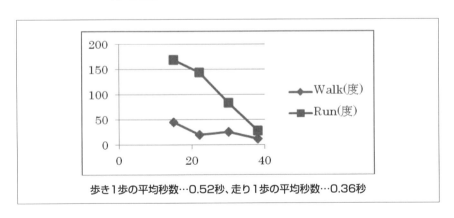

歩き1歩の平均秒数…0.52秒、走り1歩の平均秒数…0.36秒

　結果を見て気付くのは、まず「歩き」と「走り」ではっきりと傾向が異なって
いることです。
　「走り」の場合、単純に短ければ短いほど「ポニーテール」の振れ角が大きく
なりました。

短くて軽いほど"よく跳ねる"ということです。

それに対して、歩きのほうは一筋縄ではいかない結果となっています。

全体としては短いほどよく跳ねる傾向にあるのですが、22cmよりも30cmのほうが、振れ角が大きいという逆転も見られます。

歩きの場合、「ポニーテール」がより大きく揺れるスポットがある。

これが実験から読み取れる結果です。

11-3　「運動方程式」を立てる

物理の問題で最も難しいのは、実は最初の「物理現象を微分方程式に落とし込む」ステップです。

というのも、方程式は、現実のごく一部しか切り取れないからです。

現実の中から「何を抽出し、何をバッサリ切り捨てるか」が方程式作りのセンスなのであり、ちょうどそれは現実の風景から抽象絵画を切り出す作業にも似ています。

*

「ポニーテール」を方程式に落とし込むには、2つの大きな切り捨てが必要です。

---

①かなり単純化して、「1本の振り子」と見なす。
②波のように揺れる「$\sin\theta$」を、振れ角が小さいものとして、ただの「θ」と見なす。

一方、「運動方程式」とは、以下の考え方をまとめたものでした。

●「運動力学」のまとめ（第4章のまとめ）
・運動の記述には、「位置」「速度」「加速度」の3枚の写真が必要。
・なぜなら、「加速度」は「加えた力」に比例するから。
・「加速度」を積分すると「速度」になり、
・「速度」を積分すると「位置」になる。

この考え方を式にしたのが「ニュートンの運動方程式」です。

$$F = ma$$

F：力

m：質量

a：加速度

$$a = \frac{d^2}{dt^2}x(t)$$

$x(t)$：物体の位置

t：時刻

加速度とは、位置を「2階微分」したものである。

2つ合わせると、

$$F = m\frac{d^2}{dt^2}x(t)$$

ここで物体の位置を「$x(t)$」と書いたのは、「物体の位置」は「時刻」によって変化する、つまり位置「x」は時刻「t」の関数であることを明示しています。

「運動方程式」の最終目標(答)は、時々刻々と変化する運動「x」を、「t」の関数として描き出すことにあります。

*

「ポニーテール」を運動方程式に当てはめてみましょう。

まず力「F」に、何が当てはまるかを考えます。

走っている「ポニーテール」には、「揺り動かす力」や、「風の力」など、さまざまな力が働くのですが、ここではとことん単純化路線を貫き、まずは重力だけがかかった状況を想定しましょう。

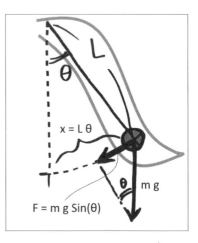

　図を描いてみると、「ポニーテール」を揺らす力は、振れ角「θ」のとき「$mg\sin\theta$」になるものと考えられます。

$$F = -mg\sin(\theta)$$

　なぜマイナスを付けたかと言えば、振れ角「θ」に対して、力は「引き戻す向き」に働くからです。
　これでまず「F」が決まりました。

＊

　「ニュートンの運動方程式」に現われる「m」は、ポニーテールの質量「m」そのものです（なので、特に、意識して書き換える必要はありません）。

＊

　最後に、加速度「a」ですが、「振り子の振れ幅」を「$x(t)$」とすれば、そのまま、

$$a = \frac{d^2}{dt^2}x(t) \quad \text{…加速度とは、位置を「2階微分」したもの}$$

になります。

　これですべての材料が揃いました。

$F = ma$に当てはめると、

$$-mg\sin(\theta) = m\frac{d^2}{dt^2}x(t)$$

＊

　以上で、第1ステップ「物理現象を微分方程式に落とし込む」までが完了です。

11-4　　　　　「運動方程式」を整理する

　続いて第2ステップ、「微分方程式を解く作業」に取りかかりましょう。

＊

　まず、方程式の中にある2つの変数、「θ」と「x」を1つに整理します。

　前ページの図から、

> 　振り子の変位 $x = L\theta$
>
> 　　　L：振り子の長さ

の関係が見てとれるので、「x」を「θ」に置き換えます。

$$-mg\sin(\theta(t)) = m\frac{d^2}{dt^2}(L\theta(t))$$

　ここで「振れ角」を「$\theta(t)$」と書いたのは、「θ」が「t」の関数であったことを明示するためです。
（方程式の最終目標は、振れ角「$\theta(t)$」の関数を描き出すことに帰着されました）。

　質量「m」は、式の両辺から消去できます。

$$-g\sin(\theta(t)) = \frac{d^2}{dt^2}(L\theta(t))$$

　「重力」は「質量」に比例し、「振り子の動かしにくさ」もまた「質量」に比例するので、両者は打ち消し合うということです。
　定数をまとめて、慣例的な順序（「微分」のある項を左辺）に並べ直しましょう。

$$\frac{d^2}{dt^2}\theta(t) = -\frac{g}{L}\sin(\theta(t))$$

　ここまでで、方程式の整理は一通り完了です。

＊

しかし残念なことに、この方程式は簡単には解けません。

「sin」という厄介な関数が入っているので、どうにも手が付けられないからです。

そこで、さらに単純化を進めます。

＊

「sin」を処理すべく「動かない微分の表」(**第6章**)から以下の公式を引っ張り出します。

$$\sin(\theta) = \theta - \frac{\theta^3}{3!} + \frac{\theta^5}{5!} - \frac{\theta^7}{7!} + \cdots$$

…の後は無限に続くのですが、実用的には最初のいくつかの項だけで充分でしょう。

最も思い切った単純化は、最初の1個目の項だけを残して、2個目以降をバッサリ切り捨てることです。

すると、

$$\sin(\theta) \fallingdotseq \theta$$

と一気に単純化できます。

そこまで切り捨てても、問題ないのか？

振れ角「θ」が小さい範囲であれば、それでも充分な精度が保たれます[※2]。

たとえば振り子の「振れ角」が「10°」だったなら、「$\sin(\theta)$」と「θ」の違いは、「1%未満」です。

[※2] もし切り捨てに納得がいかないのであれば、「sin」を展開した2項目以降をそのまま残して計算を進めることも可能です。

ただ、その計算は複雑な割には得られる結果の食い違いが小さいので、初頭的な扱いでは省略されるケースがほとんどです。

ここでも複雑な計算は避け、省略路線を進むことにします。

$$\frac{\left(\sin\left(10\times\left(\frac{2\pi}{360}\right)\right)\right)}{\left(10\times\left(\frac{2\pi}{360}\right)\right)}=0.9949$$

「振れ角」が「45°」の場合、「sin(x)」と「x」の違いは、「10%」程度になります。

$$\frac{\sin\left(45\times\left(\frac{2\pi}{360}\right)\right)}{\left(45\times\left(\frac{2\pi}{360}\right)\right)}=0.9003$$

　この実験の場合、「振れ角」は「最大45度」なので、「10%」までは大目に見ようという (大ざっぱな) ラインを引いています。

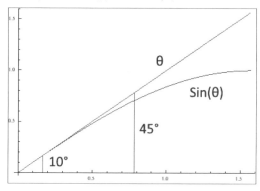

　ここまで単純化した結果、「運動方程式」は、以下の姿になりました。

$$\frac{d^2}{dt^2}\theta(t)=-\frac{g}{L}\theta(t)$$

　単純化したついでに、「g/L」という定数も、いったん「1」に固定しましょう。

$$\frac{d^2}{dt^2}\theta(t)=-\theta(t)$$

11-5　　　　　「運動方程式」を解く

この「運動方程式」は「2階微分するとマイナスになる関数」ということで、前の章で見た「バネの方程式」とまったく同じものです(**第9章**参照)。

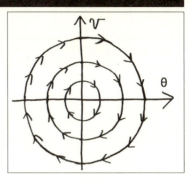

解は、「xv平面」上(「位置」と「速度」の平面グラフ)で円を描くように遷移する、ということでした。

「$\theta(t)$」は、単純な「振動運動」になります。

$$\theta(t) = C_1 \cos(t + C_2)$$

省略した定数「g/L」を元に戻しましょう。

「三角関数」の微分を思い描くと、

$$(\cos(\omega t))'' \to (-\omega \sin(\omega t))' \to -\omega^2 \cos(\omega t)$$

といった具合に、1回微分するごとに、定数「ω」が前に出てくる性質があります(「合成微分」については、**第8章**を参照)。

元の運動方程式、

$$\frac{d^2}{dt^2}\theta(t) = -\frac{g}{L}\theta(t)$$

と比較すると、「$\omega^2 = g/L$」とすれば、うまく当てはまることが分かります。

元の運動方程式に当てはまる答は、

$$\omega = \sqrt{\frac{g}{L}}$$

$\theta(t) = C_1 \cos(\omega t + C_2)$　…これが運動方程式の答

物理的に「ω」は、「振動の周波数」を表わすので、周波数は「$\sqrt{(g/L)}$」、「振り子の長さの平方根」に反比例することが分かります。

11-6 「方程式」のどこがすごいのか

以上で、私たちは1つの運動方程式を解いたことになります。
教室であれば、先生がドヤ顔をしながら答を披露するところでしょう。

しかし、そこで生徒が感心するのかというと、そうでもない。
大方の場合、期待外れといった反応がほとんどです。

> ふーん、そうなんだー。
> 「ポニーテール」が振り子のように揺れるのは、当たり前ではないか。
> 苦労したわりに大したことはないな…などなど。

＊

そもそも運動方程式を解く意味は、どこにあるのでしょうか。
「方程式」の意味は、それが「すべての情報を過不足なく含んでいる」点にあります。

改めて上の、答の式を眺めてみましょう。

・もし運動の様子を目で見たければ、答の式をグラフに表わすことができます。
・もし「20秒後の位置は何処か」と問われれば、「$t = 20$」を代入することで答が得られます。
・もし「ちょうど1秒で往復するようにしたい」のであれば、「$\omega = \sqrt{(g/L)}$」から長さが計算できます。
・もし「月にもっていったらどうなるか」が知りたければ、重力定数「g」を地球の「約1/6」に合わせれば結果が分かります。

つまり、この式さえあれば、運動に関わるすべての問に答えることができるわけで、コンパクトな表式はすべての情報を凝縮した姿だったのです。
(逆に言えば、この式で答えることができない問には、運動以外の何か別の要

素が含まれています。たとえば、「そのポニーテールは美しかったですか？」など）。

　運動にまつわる種々雑多な情報から、どんな問にも答えられる簡潔な表現を作り出すこと。

　運動方程式を解くとは、目前の現象から本質の結晶を取り出す作業に他なりません。

11-7　「ポニーテール」を揺らしてみる

　さて、ここまで重力だけが働く「ポニーテール」を調べたのですが、次に「ジョギングによる力」が加わった場合を考えます。

＊

　運動方程式の定石として、まずは「物体に働く力」を列挙します。

　「ジョギングの上下動」は「波」であると解釈して、「ポニーテール」を揺らす力が「$mA\sin(\lambda t)$」だったとしましょう。

　「A」は「揺らす力の大きさ」、「λ」は「揺れの早さ」(周波数)を表わします。

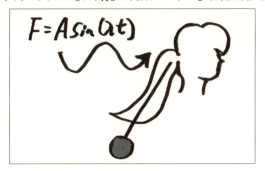

$$F = A\sin(\lambda t)$$

これを「ニュートンの運動方程式」に入れ込むと、

$$m\frac{d^2}{dt^2}\theta(t) = -m\omega^2\theta(t) + mA\sin(\lambda t)$$

この「運動方程式」を解いてみましょう。

　「揺らす力」が働いていない「$A = 0$」のときの答が、

$$\theta(t) = C_1 \cos\left(\omega t + C_2\right)$$

であることから出発します。

この答は、式に現われるすべての「$\theta(t)$の次数が斉しい」という意味で「斉次解」と言います。

＊

次に、「外から揺らす力」の「$A\sin(\lambda t)$」を付け加えます。

いきなり完全な答を思いつくのは難しいので、まず場当たり的に答にあてはまりそうな関数を試してみます。

答の関数は状況からして、きっと何らかの振動になっていることでしょう。

そう思って式を眺めると、「$\theta(t) = C\sin(\lambda t)$」と置いてしまえば、つまり「ポニーテールの揺れ」は外から加えた力とまったく同じだとすれば、うまくまとまりそうです。

この時点で「C」はよく分からない未知数ですが、うまく答に当てはまるように後から調整しましょう（この代入は、**第10章**の「定数変化法」と同じ考え方です）。

試しに「$C\sin(\lambda t)$」を代入すると、

$$\frac{d^2}{dt^2}C\sin\left(\lambda t\right) = -\omega^2 C\sin\left(\lambda t\right) + A\sin\left(\lambda t\right)$$
$$-\lambda^2 C\sin(\lambda t) = (-\omega^2 C + A)\sin(\lambda t) \quad \cdots 左辺は微分を2回行なった$$
$$-\lambda^2 C - (-\omega^2 C + A)\sin(\lambda t) = 0$$
$$(-\lambda^2 C + \omega^2 C - A)\sin(\lambda t) = 0$$

つまり「$-\lambda^2 C + \omega^2 C - A = 0$」となっていれば、当初の「$C\sin(\lambda t)$」は答として成り立つ、ということです。

ここから、仮置きした「C」の正体を明かしましょう。

$$-\lambda^2 C + \omega^2 C = A$$
$$C(-\lambda^2 + \omega^2) = A$$
$$C = \frac{A}{\omega^2 - \lambda^2}$$

うまいこと格好がつきました。

$$\theta(t) = C\sin(\lambda t) = \left(\frac{A}{\omega^2 - \lambda^2}\right)\sin(\lambda t)$$

これはたしかに、当初の「微分方程式」の答のひとつになっています。

この答を、ある特殊な状況だけで成り立つという意味で「特解」と言います。

*

ここまでで私たちは、中途半端な2つの答を手に入れたことになります。

・「外から揺らす力」をいったん「0」とした「斉次解」
・場当たり的に見つけた、特殊な状況だけで成り立つ「特解」

ここからどうするか。

先に結論を言うと、最終的な答は、上の2つの答を単純に足し合わせた「斉次解＋特解」になります。

つまり、

$$\theta(t) = C_1\cos(\omega t + C_2) + \left(\frac{A}{\omega^2 - \lambda^2}\right)\sin(\lambda t)$$

が最終的な答です。

11-8 「斉次解＋特解」の秘密

なぜ、「斉次解＋特解」は最終的な方程式の答となるのでしょうか。

根本的な理由は、「微分方程式の線形性」によります。

改めて先の運動方程式の骨格を取り出すと、

$$f'' = -f + A$$

もう少し見やすい形に整えましょう。

$$f'' + f = A$$

斉次解「f_o」は、運動方程式の答になっていました。

$$f_0'' + f_0 = 0$$

その任意の「定数倍」も、運動方程式の答になっています。

$$C f_0'' + C f_0 = 0$$

特解を「f_s」という記号で表わすと、それもまた運動方程式の答になっていました。

$$f_s'' + f_s = A$$

では、「斉次解＋特解」を元の運動方程式に代入したら、どうなるか。

$$\left(C f_0 + f_s \right)'' + \left(C f_0 + f_s \right)$$
$$= C f_0'' + f_s'' + C f_0 + f_s \quad \cdots 線形性によってバラバラにした.$$
$$= \left(C f_0'' + C f_0 \right) + \left(f_s'' + f_s \right) \quad \cdots 組み合わせを変えた$$
$$= 0 + A$$
$$= A$$

なるほど、「斉次解＋特解」も答になっています。

解の足し合わせができるのは、「線形な微分方程式」の特徴です。
　上の式変形から分かる通り、「線形性」によってバラバラにして、組み合わせを変えることができるので、結果、「解の分解組み立て」も可能です。

「非線形」の場合、たとえば次の「骨格の方程式」に、足し合わせた答を代入してもうまくいきません。

$$(f')^2 = A$$

$$\left\{ (C f_0 + f_s)' \right\}^2$$

$$= \left\{ C f_0' + f_s' \right\}^2 \quad \cdots 線形性によってバラバラにした$$

$$= (C f_0')^2 + 2C f_0' f_s' + \left(f_s' \right)^2 \quad \cdots けれど「f_0' f_s'」といった組み合わせが出てしまう！？$$

「線形性」、万歳です。

11-9 「ポニーテール」の「共振スポット」

それでは、上で得られた答のグラフを描いてみましょう。

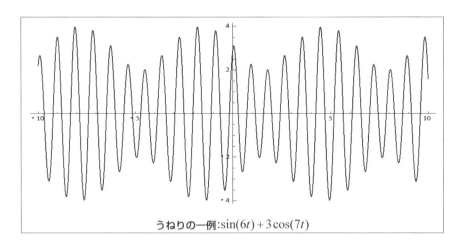

うねりの一例:$\sin(6t) + 3\cos(7t)$

「$\omega \neq \lambda$」なら、つまり「振り子としての周波数」と、「外から加わる力の周波数」が異なるなら、「ポニーテール」の運動は両者のうねりとして表現されます。

現実には、ここまで顕著ではありませんが、「ポニーテールの長さ」と「歩調」が合わなかったとき、「ポニーテール」自体のうねりが認められます。

*

「$\omega = \lambda$」のとき、特異なことが起こります。

答の式を見ると、「$A/(\omega^2 - \lambda^2)$」という項があるのですが、「$\omega = \lambda$」で分母が「0」になるので、振動は計算不能なまでに大きくなります。

これが「共振」という現象です。

*

「実験データ」より、1歩の平均秒数を「0.52秒」とすると、

1秒あたりの周波数 = 1/0.52 cycle/sec = 1.92 cycle/sec

「ラジアン角」に直すと、

12.08 rad/sec = 1.92 cycle/sec × 2π

重力加速度「$g = 980\ \text{cm}/\text{sec}^2$」とすると、

$\sqrt{(980/L)} \approx 12.08$

これを解くと、「$L = 6.71\,\text{cm}$」が、「振り子の共振する長さ」です。

「ポニーテール」の重心は全体の半分の所にあると考えると、

$2L = 13.42\ cm$

が「共振するポニーテールの長さ」になります。

ずいぶんと短いですね。

歩きの実験結果を見ると、共振のスポットは「30cm」付近にありそうなので、計算とは大きく違っています。

11-10　　　「ブランコ」の気持ちになる

　単純な「振り子」で考えるなら、「1歩0.52秒」に共振する振り子の長さは「6.71cm」程度（「ポニーテール」の重心が中央にあるとするなら、2倍の長さの「13.42cm」程度）のはずですが、実際にはそれよりずっと長いところにも大きく揺れるスポットが存在します。

　これをどう解釈すればいいのか。

　机上の理論に行き詰まったときは、とにかく「対象の気持ち」になってみることです。

・実際に「ブランコ」を漕いでみる。
・「立ち漕ぎ」と「座った状態」の両方について、手と足の動きを観察する。

　「ポニーテール」に直接関係するのは、「立ち漕ぎの足の動き」です。
　なぜなら、「ポニーテール」を揺らす原動力は、主に「頭の上下動」だからです。
　「立ち漕ぎ」の場合、ブランコが後から前に振れる間に1回屈伸、前から後に振れる間に1回屈伸します。

　「1周期」とは、「同じ状態に戻ってくるまでの期間」を指すので、ブランコの「1周期」の間に屈伸は「2周期」です。
　ここが上の数式で見落としていたポイントです。
　「振り子の1周期」に対して、「加える振動」はその2倍。
　逆に言えば、「振り子は加えた振動の2倍の周期でも共振する」ということです。

＊

　では、上の方程式は間違っていたのか。
　ブランコで座った場合の「足の動き」、あるいは「手の動き」（上体の前後移動）に着目すると、これらは1周期ちょうどになっています。

　座った場合の「足の動き」は、ブランコが前にあるときには縮め、後にあるときには伸ばす。上体は前で前傾し、後ろで後傾する。

つまり、「振り子は、加えた振動と同じ周期でも共振する」、ということです。

上の方程式は、この「同じ周期の共振」だけを取り上げたものだと解釈できます。

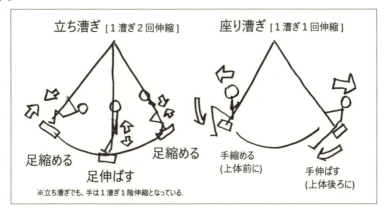

立ち漕ぎ [1漕ぎ2回伸縮]　　座り漕ぎ [1漕ぎ1回伸縮]

足縮める　　足縮める

足伸ばす

手縮める
(上体前に)

手伸ばす
(上体後ろに)

※立ち漕ぎでも、手は1漕ぎ1階伸縮となっている.

なぜ上の方程式では「2倍の周期」を見落としていたのか。

上の方程式で「外力」は、「角度方向の振り子の変位」に対して直接加える形となっていました。

「ブランコ」に当てはめれば、横方向の「手の動き」に相当します。

手の動きはたしかに「ブランコ」の周期と同期しているので、これはこれで間違いではありません。

しかしながら、「ポニーテール」で問題にしたいのは縦方向の外力です。

「ブランコ」に当てはめれば、立ち漕ぎの足の伸び縮みについてです。

＊

では、縦方向の外力については、どのような方程式を立てるべきでしょうか。

ここでようやく冒頭の「ポニーテール論文」の出番です。

「ポニーテール論文」では、次のように問題を定式化しています[※3]。

$$\frac{d^2}{dt^2}\theta - \frac{1}{L}\left(g + \frac{d^2}{dt^2}a(t)\right)\sin(\theta) = 0$$

※3　元の論文では、「ポニーテール」の重心が長さの中心にあるものとして、「L」の代わりに「$L/2$」としています。

ここで「$a(t)$」は、「頭の上下動」を表わす関数です。

先の式との主たる違いは、外力が、

$$\frac{d^2}{dt^2}a(t)\sin(\theta)$$

のように、「上下動のうちの揺れる方向」の成分が働くとしたところです。

この方程式、簡単には解けませんが、すでに先人の解析結果があるので、それらを引いてきましょう。

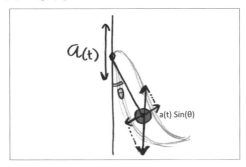

周期関数「$f(t)$」について、

$$\frac{d^2}{dt^2}x(t)+f(t)x(t)=0$$

と表わされるものを「ヒルの微分方程式」(Hill differential equation) と言います。

その中でも特に、周期関数「$f(t)$」が次の形になっているものを、「マシューの微分方程式」(Mathieu's differential equation) と言います。

$$\frac{d^2}{dt^2}x(t)+\omega_0{}^2\left(1-\delta\sin(\omega t)\right)x(t)=0$$

「ポニーテール」論文の方程式は、この「マシューの微分方程式」と同じ形です。
(ただし「振り子」の「$\sin(\theta)\approx\theta$」近似を行なっています)。

　「マシューの微分方程式」については、「$\omega = 2\omega_0 / k$」（「k」は整数 1, 2, 3…）のとき、振動が指数的に増大することが知られています。

　「ポニーテール」に当てはめると、

$$\omega_0 = \sqrt{\frac{g}{L}} \quad \cdots 「ポニーテール」の固有振動数$$

$$\omega \quad \cdots 上下運動 ＝ 歩調$$

　振動が大きくなるのは、

$$\omega = 2\frac{\omega_0}{k} = \frac{2}{k}\sqrt{\frac{g}{L}}$$

のとき、つまり「ポニーテール」の固有振動「$\sqrt{g/L}$」が、歩調「$\omega/2$」の整数倍のときです。

　論文では、「$k = 1$」の場合を取り上げて、「1 歩 0.35 秒、1 分間に 169 歩のペースで走ったとき、25cm のポニーテール」がよく揺れると結論付けています。

　「1 歩 0.35 秒」という値は、かなり早く走った場合です。
　今回の実験で「走った場合」の歩調は「1 歩 0.36 秒」だったので、かなり近い値でした。

　「歩いた場合」の 1 歩は、これより長く、「0.5 秒」程度なので、「ポニーテール」はもっと長くなります。
　上と同じ計算を行なうと、「49.7cm」という、かなり長い値になります。

11-11 　一漕ぎN回上下動

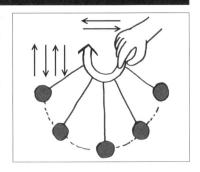

「微分方程式」をいじっただけでは分かった気にならないので、いま一度「振り子」で考えてみます。

手元に「振り子」があれば試してほしいのですが、「振り子」を揺らすときの手の動きは、図のように「振り子」の動きに合わせるのが自然です。

「手の動き」を縦と横に分解すると、振り子の1往復につき、縦は「2回」、横は「1回」往復します。

これは、ブランコの足と上体の動きでも見た通りです。

では、なぜ縦に動かすと揺れが大きくなるのか。

「振り子」に加えるエネルギーを考えると、

・「振り子」が上がるとき、さらに上に持ち上げて
・「振り子」が下がるとき、さらに下に下げる

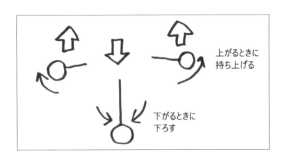

上がるときに
持ち上げる

下がるときに
下ろす

これを繰り返したなら、手は振り子に対して毎回エネルギーを加えることになります。

加えたエネルギーはどこにいくのかといえば、それは「振り子」を大きく揺らすことに費やされる他ありません(摩擦損失を除いて)。

反対に、

・振り子が上がるとき、下に下げて
・振り子が下がるとき、上に上げる

　これを繰り返したなら、「振り子」のエネルギーは、逆に手に吸い取られる形になります。
　振り子を止めようとすれば、手の動きは自然とこうなります。

　「ブランコ」を漕ぐのも、理屈は同じです。
　上から下に向かうときは、さらに「板」を下に押しやり、体重をもち上げるぶんの仕事を加えることで、「板」を加速します。
　揺れが大きくなるのは、このように「ブランコの上下動」と「体重の上下動」が一致したときです。

＊

　では、「ブランコ」の揺れを大きくするのは、このような「1漕ぎ1上下動」だけなのでしょうか。

　たとえば、右の図のように「1漕ぎ2上下動」だった場合はどうなるか。

　この場合、まず「ブランコ」が下の方の領域では、「1漕ぎ1上下動」と同じことが起こっています。

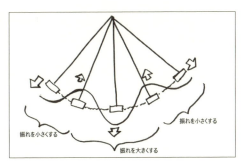

振れを小さくする
振れを小さくする
振れを大きくする

　ブランコが前後の高い領域にあった場合、上下動はどちらかと言えばブランコからエネルギーを「吸収」するように働きます（高いところで下に押し下げている）。

　では、下のほうの領域での「押し下げ」の効果と、高い領域での「エネルギー吸収」とでは、どちらが勝るのか。
　比較するなら、「下の押し下げ」のほうが効くはずです。
　なぜなら、「下での上下動」はまっすぐなのに、「上での上下動」は斜めだから。

「重心の移動」や「エネルギーのやり取り」の大きさは、下の領域のほうが上の領域よりも大きいのです。

極端な話、ブランコが「真横の90°」まで振れた状況を想像してみてください。

「90°での上下移動」(というより「水平移動」)は、ブランコに対してエネルギーを加えないはずです。

かくしてトータルでブランコが受け取るエネルギーはプラスになり、揺れは大きくなります。

「1漕ぎ3上下動、4上下動…」の場合も、考え方は同じです。

以上をまとめて数式に落とし込んだのが、「マシューの微分方程式」だったのです。

「ブランコ」の挙動を方程式の言葉に直せば、「振り子」が大きく揺れるのは、

振り子の固有振動「$\omega_0 = \sqrt{g/L}$」が、加える振動の周期「$\omega/2$」の整数倍のとき

になります。

「ポニーテール」の場合、歩調「ω」が「固有振動」の2倍のときを取り上げているので、「ブランコの立ち漕ぎ」のケースを当てはめれば充分です。

＊

ところで、実際に「1漕ぎN回上下動」($N > 2$)で、ブランコは揺れるものなのでしょうか。

筆者がブランコ、並びに振り子で試したところ、かなり難しいというのが実感でした。

我こそはと思う方は、チャレンジしてみてください。

11-12　　　　　　「ポニーテール」は柔らかい

　ここまで「ポニーテール」を「1本の振り子」と見なしてきましたが、より本物に近く、「柔らかい1本の弦」とした場合、どうなるでしょうか。

　結果を論文から引用しましょう。

　「ポニーテール」の運動「x」を、弦の上における位置「s」と時刻「t」の関数「$x(s, t)$」で表わします。

　運動の速度「$\dfrac{d}{dt}x(s, t)$」は、「時刻」に依存する振幅「$u(t)$」と、「位置」に依存するうねりの形「$v(s)$」の積に分けることができます。

$$x(s,\ t) = u(t)v(s)$$

　「振幅$u(t)$」を詳しく調べると、振動が大きくなるのは、「ポニーテール」の固有振動「$j_n/2$」が、歩調「$\omega/2$」の整数倍のときとなります。

　ここで「j_n」は、第一種ベッセル関数「J_0」が「ゼロ」になる点のことで、「$j_1 = 2.40,\ j_2 = 5.52,\ j_3 = 8.65\cdots$」といった数列です。

　唐突に出てきた「第一種ベッセル関数」とは、物理的には「円形の膜の振動」を表わす関数です。
（ここで小文字「j」は「ゼロ点」を示し、大文字「J」は「ベッセル関数」そのものを示しています）。

　太鼓の中央を叩いたときの「振動の形」（動径方向の振幅）は、「第一種ベッセル関数」になります。

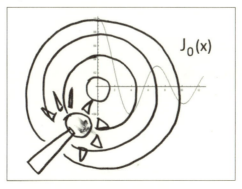

「J_0」は、「第一種ベッセル関数」のうちの1つで、一般的には「J_1、J_2、J_3…」のように一連の関数グループを指します。

「ベッセル関数」と聞くと、ひどく難しいものに思えますが、「グラフの形」や「膜の振動」というところからも想像がつくように、これは「三角関数」の仲間です。

「x」の範囲が「1」より大きい場合、「第一種ベッセル関数」は、

$$J_0(x) \approx \sqrt{\frac{2}{\pi x}} \cos\left(x - \left(\frac{1}{4}\right)\pi\right)$$

のように近似できます。

要は、波の形「$\cos(x)$」を円の広がりに合わせて先細りにしたものと思えばいいでしょう。
(「円周」は半径「x」に比例し、「波のエネルギー」は「振幅の2乗」に比例するので、「波の振幅」は「$\sqrt{(1/x)}$」に比例して薄まって広がると解釈できます)。

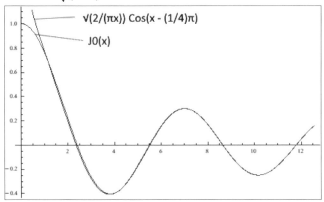

「ポニーテール」を「弦の振動」として扱うということは、振り子で単純に「整数倍」していたところを、「ベッセル関数のゼロ点j_1, j_2, j_3…」で置き換えることに相当します。

最も小さいゼロ点「$j_1 = 2.40$」を取り上げて、論文では以下の値を算出しています。

歩調　$\omega = 2\left(\dfrac{J_1}{2}\right)\sqrt{\dfrac{g}{L}}$

$L = 25$ cmとすると、

$\omega = 2(2.4/2)\sqrt{(980/25)} = 15.0$ rad/sec $= 2.39$ cycle/sec $= 143.5$ step/min

「一歩あたり0.42秒」と、先の振り子での計算結果より、ゆっくりした歩調が
マッチします。

　同様にして、「一歩0.5秒」の歩調にマッチする長さを算出すると、「35.74cm」
になります。

　ようやく「30cm付近のスポット」の謎が解けました。

「ポニーテール」を柔らかい弦と見なしたとき、一歩 0.5秒の歩調で約35cm
のところに大きく揺れるスポットがある。

＊

「ポニーテール」は奥深いですね。

第12章

「ラグランジアン」の源流をたどる

> 「ラグランジアン」とは、力学の1つの到達点です。
>
> ここまでたどり着いた読者には、すでに必要となる数学力が備わっているはずです。
>
> 長い道程であったと思います。
>
> それでは、いざ、「古典力学のラスボス」への扉を開きましょう。

12-1 エネルギー版「運動方程式」

まず、「ニュートンの運動方程式」を手直しすることから始めます。

どのように直すかというと、「運動方程式」全体を「エネルギー」をベースに一新します。

＊

なぜ、手直しが必要なのか。

直接の動機は、「惑星の運動」を効率良く解くことにありました。

「惑星の運動」は、中心となる「太陽」から見て、「角度方向」と「動径方向」(半径の方向)に分けて捉えるのが自然です。

しかし、「ニュートンの運動方程式」は、運動を縦、横、高さの3方向に分けて捉える枠組みでできているため、そのまま「惑星の運動」に当てはめるには、かなり複雑な計算を要します

何とかして「運動方程式」を、「直交座標」(縦横高さ)だけでなく「極座標」(角度と動径)にも適用できる形に改良できないか。

試行錯誤の末できあがったのは、力や運動といったベクトルを直接記述するのではなく、エネルギーから間接的に導き出す、という方法でした。

「向きを有するベクトル量」をそのままの形で記述したのでは、座標の枠組

みから逃れることはできません。

　ではどうするかというと、エネルギーという「座標の向きに依存しない量」（スカラー量）を方程式の基礎に据えれば問題ないはずです。

　そこで、エネルギーから「物体に働く力」を定義し直すことを考えます。
　思い当たるのは、「力の積分」が「位置エネルギー」になるということ。
　これを逆手にとって、「位置エネルギーの微分が力である」と定義し直します。

　仮想的な地形の中をどの方向に向かって歩いてもかまわないけれど、とにかく上り下りした高さの違いをもって働いた力であると見なしましょう、とするわけです。

　こうすれば、微分の手間は1つ増えますが、たとえ一直線でなくても、途中で向きを変えようとも、問題なく力を数え上げることができるでしょう。

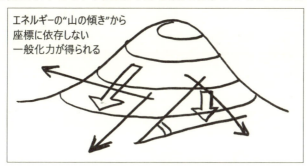

エネルギーの"山の傾き"から
座標に依存しない
一般化力が得られる

エネルギーから定義し直した力のことを、「一般化力」と言います。
　式で表わすと、

$$Q_i = -\frac{\partial U}{\partial q_i} \qquad (i = 1, 2, 3 \cdots)$$

　　Q_i：座標「i」についての一般化力

　　U：位置エネルギー

　　q_i：一般化座標

となります。

　右辺にマイナスが付いている理由は、坂を上ってポテンシャルが上がるほど、逆向きに止めようとする力がかかるからです。

　「q_i」は、「$q_1, q_2, q_3 \cdots$」をまとめて書いた記号で、「直交座標」で言うところの「x, y, z」のことです。
　なぜ「x」でなく「q」にしたかというと、直交座標以外のいかなる座標であっても成り立つぞ、という違いを出したかったから。

　これから作る運動方程式は、ただ1つの質点の運動だけでなく、回転運動や振動運動、はたまた複数の物体をまとめて扱うことが可能です。
　1つの質点であれば「x, y, z」3つの変数で充分ですが、複数物体の一般的な運動には、より多くの変数が必要です。
　それゆえ、たくさんの変数をまとめて「q_i」と記したわけです。

　記号「∂」は「偏微分」を表わす記号です。
　複数の変数があったとき、一方だけの傾きを表わす場合に使います。
　変化の割合という意味では微分記号の「d」と同じです。
　今の場合、複数の変数「q_i」それぞれに対する傾きを表わしています（**第5章**：微分の記号参照）。

　力をエネルギーから再定義したのと同じ要領で、「運動のベクトル」もエネルギーから再定義できます。
　「運動エネルギー」とは、物体の「速度」を積分したものです（**第3章**参照）。
　であれば、「運動エネルギー」を「速度」で微分すれば、座標の枠組みに依存しない運動量が取り出せるはずです。
　そのようにエネルギーから定義し直した運動量のことを、「一般化運動量」と言います。
　式に表わすと、

$$p_i = \frac{\partial T}{\partial \dot{q}_i} \quad (i = 1, 2, 3 \cdots)$$

　　p_i：座標「i」についての一般化運動量

　　T：運動エネルギー

　　$\dot{q}_i$：一般化速度 ＝ 一般化座標の時間「微分」

記号「$\dot{q}$」はニュートンの表記法で、時刻「t」に対する微分「dq/dt」を意味します。

なぜ書き方を変えるのかというと、

$$p_i = \frac{\partial T}{\partial \left(\dfrac{dq_i}{dt} \right)}$$

とするより見やすいからです。

＊

ひとつ注意なのが、この一般化運動量「p_i」には、物体の質量「m」も組み込まれている点です。

というのも、「運動エネルギー」は「質量」に比例し、重たい物体ほど大きなエネルギーを有するため、その性質がそのまま「一般化運動量」に反映されているというわけです。

これら「一般化力」と「一般化運動量」を、そのまま「ニュートンの運動方程式」に当てはめてみましょう。

（質量）×（加速度）＝（力）

$$m \frac{d^2}{dt} x(t) = F$$

運動量

$$p = mv(t) = m \frac{d}{dt} x(t)$$

を用いて方程式を書き直します。

$$\frac{d}{dt}p = F$$

「一般化力」と「一般化運動量」を当てはめると、

$$\frac{d}{dt}\left(\frac{\partial T}{\partial \dot{q}_i}\right) = -\frac{\partial U}{\partial q_i} \quad \cdots \text{エネルギー版？！}$$

　これが「運動方程式のエネルギー版」と言うべきものですが、はたして上手くいくのでしょうか。

　結論から言うと、これではまだ不十分なのです。

12-2　　　足りなかったのは「見掛けの力」

　試しに、この「エネルギー版方程式」を「惑星の運動」に当てはめてみましょう。

　「動径方向の方程式」を作ってみると、そこには「遠心力」が抜け落ちています。

・エネルギー版方程式

$$mr'' = -G\frac{Mm}{r^2}$$

　　r：惑星と太陽との距離、時刻「t」の関数「$r(t)$」

　　m：惑星の質量

　　M：太陽の質量

　　G：万有引力定数

　　※太陽は惑星に比べて非常に大きく、動かないものとしています。

　しかしながら、実際の運動はこれとは違っています。

• 実際の運動

$$mr'' = -G\frac{Mm}{r^2} + mr\left(\theta'\right)^2 \quad \text{…実際には遠心力がある。}$$

θ：太陽から見た惑星の角度、時刻「t」の関数「$\theta(t)$」

「遠心力」は、右の図で速度ベクトルの差分から知ることができます。

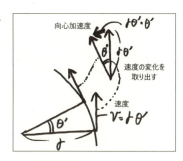

一方、「エネルギー版方程式」は、次のようにして得られます。

「惑星の速度」を「r, θ」で表わすと、図より、

$$v^2 = \left(r'\right)^2 + \left(r\theta'\right)^2$$

ここから、

運動エネルギー　$T = \dfrac{1}{2}mv^2 = \dfrac{1}{2}m\left(\left(r'\right)^2 + \left(r\theta'\right)^2\right)$

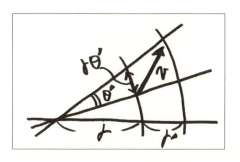

「位置エネルギー」は、「万有引力の法則」から得られます。

引力はそれぞれの星の質量に比例し、距離の2乗に反比例します。

その引力を距離について積分したものが、「位置エネルギー」です(**第3章：エネルギーは力の積分参照**)。

$$位置エネルギー \quad U = -G\frac{Mm}{r}$$

運動エネルギー「T」を動径速度「r'」で微分すると、

$$\frac{dT}{dr'} = \frac{1}{2}m\left(2r'\right) = mr'$$

※直接「r'」を含まない項「$(r\theta')^2$」は、「r'」と「r」をまったく別の変数と見なしてバッサリ切り捨ててかまいません。

位置エネルギー「U」を動径「r」で微分すると、

$$\frac{dU}{dr} = G\frac{Mm}{r^2}$$

※「$1/r$」は「r^{-1}」ですから、「$(r^{-1})' = -1(r^{-2})$」になります。

これらを当てはめたのが、上の「エネルギー版方程式」です。

なぜ、「エネルギー版方程式」には「遠心力」が足りないのか。

それは「遠心力」というものが、座標の動きから出てくる見掛けの力だからです。

「見掛けの力」とは、座標の加速による影響を力に押し付けた"シワ寄せ"のことです。

たとえば電車が急停車したとき、中の乗客にとっては、あたかも前向きの力が一斉に加わったように感じられるでしょう。

この事情は「惑星の運動」であっても同じで、惑星の上にいる人から見れば、あたかも「外側向きの力」が一斉に加わったように感じられます。

＊

「エネルギー版方程式」では、「位置エネルギー」由来の一般化力だけを考えたのですが、それだけでは不十分で、実際にはさらに座標の加速からくる見

掛けの力も必要です。

では、「見掛けの力」はどこから調達すべきか。

もともと座標の運動に由来するのですから、「運動エネルギー」からもってくるべきでしょう。

そう思って上の「運動エネルギーの式」を見直すと、その中に「遠心力」に相当する項「$(r\theta')^2$」が入っていることが見て取れます。

これは単なる偶然などではなく、ちょうど「速度のベクトル」が（「直交座標」と比べて）歪んだぶんが、ツケとして「運動エネルギー」に跳ね返っているのです。

であれば、そのツケのぶんだけをうまいこと吸い上げれば、見掛けの力を取り出せそうです。

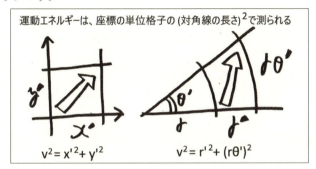

運動エネルギーは、座標の単位格子の(対角線の長さ)²で測られる

$v^2 = x'^2 + y'^2$

$v^2 = r'^2 + (r\theta')^2$

そこで「位置エネルギー」から「一般化力」を取り出した方法「dU/dq」にならって、「運動エネルギー」から「dT/dq」とすることで、見掛けの力を取り出してみます。

位置か運動かの違いによらず、とにかく「エネルギーの落差があるところには力が働くのだろう」という実にアバウトな発想なのですが、結果的にはこれがうまくいきます。

$$\frac{d}{dt}\left(\frac{\partial T}{\partial \dot{q}_i}\right) = -\frac{\partial U}{\partial q_i} + \frac{\partial T}{\partial q_i} \quad \cdots 見掛けの力付きエネルギー版運動方程式$$

こんどこそ問題なく「惑星の運動」に当てはまりそうです。

「動径方向の運動」に当てはめてみると、「見掛けの力」は、

$$\frac{\partial T}{\partial r} = \frac{\partial \left\{ \frac{1}{2}m\left((r')^2 + (r\theta')^2 \right) \right\}}{\partial r} = \frac{1}{2}m \cdot 2r(\theta')^2 = mr(\theta')^2$$

これを用いて、「見掛けの力付きエネルギー版運動方程式」は、

$$mr'' = -G\frac{Mm}{r^2} + \frac{\partial T}{\partial r} = -G\frac{Mm}{r^2} + mr(\theta')^2$$

たしかに実際の運動に一致しました。

　まあ、当てはまるように作ったのだから当然と言えば当然ですが、少なくともこれで「極座標」にも使える方程式ができたわけです。

＊

　では同じ方程式を、「角度方向の運動」に当てはめたらどうなるか。

$$\frac{d}{dt}\left(\frac{\partial T}{\partial \theta'} \right) = -\frac{\partial U}{\partial \theta} + \frac{\partial T}{\partial \theta}$$

　ここに上記「運動エネルギー」と「位置エネルギー」を当てはめて整理すると、

$$\frac{d}{dt}mr^2\theta' = 0$$

　位置エネルギー「U」にも運動ネルギー「T」にも、角度「θ」がまったく含まれていないので、「式の右辺＝0」(「T」に「θ'」は含まれていますが、これは「θ」そのものではないので無関係です)。

　これは正に「面積速度一定の法則」(あるいは「角運動量保存の法則」)を表わしているではありませんか。

　どうやらこの方程式、とても上手くいきそうです。

12-3 ラグランジュの運動方程式

「改良版の運動方程式」を、もう少し覚えやすい形に整理しましょう。

$$\frac{d}{dt}\left(\frac{\partial T}{\partial \dot{q}_i}\right) = -\frac{\partial U}{\partial q_i} + \frac{\partial T}{\partial q_i} \quad \cdots 見掛けの力付きエネルギー版運動方程式$$

　右辺をコンパクトにまとめるため、「$L = T - U$」と置いて、式全体を整理します。

　位置エネルギー「U」には、通常(「地形」が時間とともに変化しない限り)は「$\dot{q}_i$」は含まれないので、「$\partial T/\partial \dot{q}_i$」を「$\partial L/\partial \dot{q}_i$」としても問題ありません。

　こうして出来上がったのが、「ラグランジュの運動方程式」です。

$$\frac{d}{dt}\left(\frac{\partial L}{\partial \dot{q}_i}\right) = \frac{\partial L}{\partial q_i} \quad \cdots ラグランジュの運動方程式$$

$$L = T - U \quad \cdots (運動エネルギー) - (位置エネルギー)$$

　「$L = T - U$」という量には「ラグランジアン」という名前が付いています。

　導出過程から分かる通り、「ラグランジアン」とは結果的にそうなったのであり、最初から「ラグランジアン」という量があったわけではないのです。

　むしろ実質的に意味があるのはエネルギーであり、エネルギーを基準として実用に耐える運動方程式を作ろうとした結果、このような形に落ち着いたというのが実情です。

12-4 「最小作用」との出会い

「ラグランジュ方程式」は、たしかに有用なツールに違いないのですが、な
ぜこの方程式で万事上手くいくのか、その理由が今ひとつ腑に落ちません。

「惑星で上手くいったのだから、それでいいじゃないか」と言われればそれ
までですが、力学の基礎を担う方程式であるだけに、確固たる裏付けがほし
いところです。

＊

「ラグランジュ方程式」の裏付けは、座標変換とは別のところから得られま
す。

それは「最小作用の原理」です。

およそ実現する運動は、何らかの量を最小にする。

この考え方は、歴史的には「最速降下線の問題」に端を発します。

> 高さの違う2点間を通る滑り台を作るとき、最も速く滑り落ちるのはどん
> な形の曲線か？

この問題の答、実は「直線」ではありません。

直線よりも、最初のうちは急速に落下して速度を稼ぎ、後半で距離を稼い
だほうが、より速くなります。

ならば「放物線」なのかと言うと、それも違います。

最速降下線を描くには、これまでとは違った発想が必要です。

＊

「滑り落ちる時間」は、どのようにして決まるのでしょうか。

まず物体の「速度」は、「落下」によって稼ぎ出されるので、「高さ」に依存し
ます。

また、「物体が通過する距離」は、その場その場での「斜面の傾き」に依存し
ます。

物体の「高さ」を「x」、「水平位置を表わす曲線」を「$y(x)$」とするなら、「傾
き」とは、その微分「$y'(x)$」に相当します。

物体がとある地点「x」の微小な長さを通過するのに要する時間を「L」とい

う記号で書けば、「L」は「曲線」と「傾き」によって決まるので、

> （各点の通過時間）$= L(y(x), y'(x))$

という形に表わせるはずです。

「滑り落ちるトータルの時間」は、各点の通過時間を合計したものなので、

> （合計時間）$= \displaystyle\int L(y(x), y'(x)) dx$

この合計時間を最短にするというのが、最速降下線問題の核心です。

解法は多分に数学的なので、先に結論を示します。

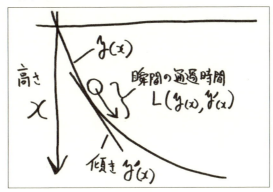

合計時間が最短となるのは、

> $\dfrac{d}{dx}\left(\dfrac{\partial L}{\partial y'}\right) - \dfrac{\partial L}{\partial y} = 0$ …オイラーラグランジュ方程式

という条件を満たしたときです。

　この条件式のことを「オイラーラグランジュ方程式」と言います。
　見ての通り、この条件式は、先の「ラグランジュ運動方程式」とまったく同じ形をしています。

$$\frac{d}{dt}\left(\frac{\partial L}{\partial \dot{q}_i}\right) - \frac{\partial L}{\partial q_i} = 0 \quad \cdots \text{ラグランジュ運動方程式}$$

　「最速降下線」の場合、「通過時間を最小にする」というところから具体的な曲線の形が定まります（詳細は後述）。

　それと同じように、実はあらゆる物体の運動も何らかの量を最小にすることで、自ずと運動の形を定めていたのです。
　その「何らかの量」とは、「ラグランジアン」と呼ばれるエネルギーにまつわる量だったのです。

　自然の採る運動は、「ラグランジアン」の合計（作用積分）が停留化する形で実現する。

　これが「最小作用の原理」の表われであり、「ラグランジュ運動方程式」を正当化する大きな理由です。

12-5　「汎関数」の「変分」

　「オイラーラグランジュ方程式」の数学的な導出を示しましょう。

　問題は、未知の関数「y」と、その微分である「y'」に依存する関係「$L(y, y')$」があったとき、「L」の合計を極小化するような関数「y」を決定せよ、ということです。

$$I = \int L\big(\, y(x),\, y'(x)\big)\, dx$$

　狭い意味での関数「$f(x)$」とは、「x」という数値を1つ決めれば、それに応じて「$f(x)$」の値が1つに定まる関係のことです。

　ところが、いま問題としている「$L(y, y')$」は、数値ではなく、関数「y」を決めれば、それに応じた値が定まる関係です。

　このような関係は、数値を関数に汎化したということで「汎関数」と呼ばれています。

　つまり、ここで扱う問題は、数値の関数で考えたことを、"関数の関数"に汎化したものです。

　数値の関数、

$$y = f(x)$$

があったとき、「y」を極小にしたいなら、「$f(x)$」を微分して「0」となる点を探すのが常套手段です。

$$f'(x) = 0$$

　この手段を汎化して、汎関数の結果を極小にするためにはどうすればいいか、数値関数の「$f'(x) = 0$」に相当する条件式が、これから探す「オイラーラグランジュ方程式」ということです。

　「数値関数」の極小を求める操作は「微分」(differential)でしたが、対して「汎

関数」の極小を求める操作は「変分」(variation)と呼ばれています。

「微分」は小文字「d」で表わしますが、「変分」はギリシャ文字「δ」で表わします。

「微分」と「変分」では、小さく動かすやり方が異なります。

「$y(x)$」という関数が1本のレールであったと考えると、レールの上を少しだけ進んだとき、カーブの曲がり具合を調べるのが「微分」で、レール自体を敷設し直して、横にズラしたときに、列車の運行がどう変わるかを調べるのが「変分」です。

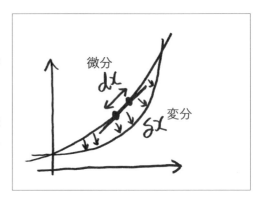

*

先に導出に必要な数学知識を確認しておきましょう。

2つあります。

● 2変数関数の「微分」

「dx」と「dy」がほんのわずかであれば、

$$f\left(x+dx,\ y+dy\right)-f\left(x+y\right)=\left(\frac{\partial f}{\partial x}\right)dx+\left(\frac{\partial f}{\partial y}\right)dy$$

なぜこうなるかは、下の図を見たほうが速いでしょう。

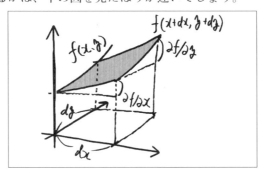

● 部分積分

「積の微分」の逆です(**第8章**参照)。

$$(fg)' = f'g + fg' \quad \leftarrow 積の微分$$

$$fg' = (fg)' - f'g$$

$$\int fg' = fg - \int f'g \quad \leftarrow これが部分積分$$

*

では、問題にかかりましょう。

$$I = \int L\big(y(x),\ y'(x)\big)\, dx$$

この「I」が極小になったあかつきには、関数「y」をほんのわずかだけ動かしても (それと同時に「y'」がほんのわずかに動いても)、「I」の変化は「0」になっていることでしょう。

$$\delta I = 0$$

「y」と「y'」をほんのわずかずつ同時に動かした変化は、「2変数関数」の微分を当てはめて、

$$L\big(y+\delta y,\ y'+\delta y'\big) - L\big(y,\ y'\big) = \left(\frac{\partial L}{\partial y}\right)\delta y + \left(\frac{\partial L}{\partial y'}\right)\delta y'$$

式が見づらいので、「(x)」は省略しました。

これを積分した結果が「0」になるということですから、

$$\delta I = \int \left\{ \left(\frac{\partial L}{\partial y}\right)\delta y + \left(\frac{\partial L}{\partial y'}\right)\delta y' \right\} dx = 0$$

式の後半部に、「部分積分」を当てはめます。

$$\int \left\{ \left(\frac{\partial L}{\partial y} \right) \delta y - \frac{d}{dx} \left(\frac{\partial L}{\partial y'} \right) \delta y \right\} dx + \left[\left(\frac{\partial L}{\partial y'} \right) \delta y \right] = 0$$

ここで、

$$\left[\left(\frac{\partial L}{\partial y'} \right) \delta y \right]$$

という項は、「y」をほんの少し動かしたときの「スタート地点」と「ゴール地点」の差を表わしているのですが、そもそも「スタート地点」と「ゴール地点」は動かさない問題設定だったので、値は「0」です。

そうなると、実質的に意味をもつのは積分の中身になり、

$$\left(\frac{\partial L}{\partial y} \right) \delta y - \frac{d}{dx} \left(\frac{\partial L}{\partial y'} \right) \delta y = 0$$

ズレの大きさ「δy」は、一般に「0」ではないので、

$$\frac{\partial L}{\partial y} - \frac{d}{dx} \left(\frac{\partial L}{\partial y'} \right) = 0$$

こうして得られた条件が、「オイラーラグランジュ方程式」です。

12-6　「オイラーラグランジュ方程式」の覚え方

　「オイラーラグランジュ方程式」は、一見すると数学のヴェールに隠された、難解な方程式にも思えます。

　それでも後付けの解釈によって、多少なりとも身近に引き寄せることは可能です。

　もし、「L」が「y」と「y'」という、まったく独立した2つの変数の関数なら、話は簡単だったことでしょう。

　しかし今の場合、「y」と「y'」は無関係ではなく、もともと1つの関数だったものです。

　なので、問題はこの2条件がどのように結びつくかにあります。

　そこで、最速降下線をうんと単純化して、コントロールできる変数が1個だけという状況を想定してみましょう。

　斜面を前半と後半、2本の直線から成り立つものと考え、中間地点の高さ「x」だけがコントロールできる変数だったとします。

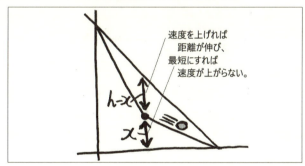

速度を上げれば
距離が伸び、
最短にすれば
速度が上がらない。

　「x」を調整してみると、斜面全体の長さと、落下する物体の速度という、相反する2つの要因があると分かります。

①「x」を直線に近づければ距離は短くなるが、落下速度が稼げない。
②落差を大きくすれば速度は稼げるが、距離が長くなる。

　①の要因は、「x」そのものに依存するので、これを単純に「$y = x$」と置き

ましょう（この際、$\sqrt{\ }$とか難しいことは言わない）。

②の要因は、「x」によって生み出される落差に依存するので、これを「$y' = (h-x)$」と置くことにします。

置き方から想像が付く通り、①は関数「y」そのもの、②は関数「y」の微分に依存する要因です。

これら相反する要因を同時に満たす点、両者が共に妥協できる均衡点はどこにあるかと言えば、それは「$y = y'$」となる点でしょう。

（経済で言うところの“需要と供給の一致”に近い感覚です）。

単純化した最速降下線に当てはめるなら、「$x = (h-x)$」が均衡点、というわけです。

こんな大ざっぱな道具立てからでも、均衡点は「$x = h/2$」、すなわち最速降下線が直線よりも下に来ることが分かります。

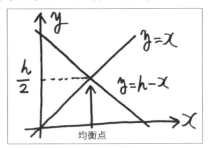

均衡点

いま、単純に「y」と置いた要因①は、元に戻せば「$\partial L / \partial y$」に相当します。そして「y'」と置いた要因②は、元に戻せば「$\partial L / \partial y'$」に相当します。

2つの均衡点というアイデアから、求める条件式は恐らく、

$$\frac{\partial L}{\partial y} = \frac{\partial L}{\partial y'} \quad \cdots 均衡の式？！$$

ではないか、というところまでは予想が付くでしょう。

「L」という資源を、2つの勢力「y」と「y'」が取り合う状況を想像したとき、「L」に及ぼす影響の大きさは、「y」の勢力圏内では「y」のほうが強く、「y'」の勢力圏内では「y'」のほうが強くなり、両者がせめぎ合う均衡点では「y」と「y'」が等しくなることでしょう。

「y」が「L」に及ぼす影響の大きさを式にすれば$(\partial L / \partial y)$、「$y'$」の影響の大きさは$(\partial L / \partial y')$、これらが等しいとしたのが「均衡の式」です。

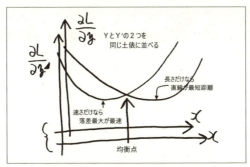

しかしこの条件式、残念ながら正解ではありません。

なぜかというと、「y」と「y'」を同じ土俵の上に並べることができないからです。

大元になる「x」いう基準から見たとき、「y'」のほうが1回多く微分が施されています。

このことは、次の合成関数の微分を考えるとよりハッキリします。

$$\frac{d}{dx}\big(L(y(x))\big) = L'(y) \cdot \frac{d}{dx} y(x)$$

$$\frac{d}{dx}\big(L(y'(x))\big) = L'(y') \cdot \frac{d}{dx} \cdot \frac{d}{dx} y(x)$$

上の式と比べて下の式のほうが「d/dx」が1個多いということは、「$\partial L/\partial y$」と「$\partial L/\partial y'$」を同じ土俵に置きたかったなら、直接並べてはダメで、「y'」の側に「d/dx」を1個余分に付けるべきでしょう。

かくして、上の均衡の式の右辺に「d/dx」を付けてバランスと取ったのが、「オイラーラグランジュ方程式」というわけです。

$$\frac{\partial L}{\partial y} = \frac{d}{dx}\left(\frac{\partial L}{\partial y'}\right)$$

・最小となるのは「$\partial L/\partial y$」と「$\partial L/\partial y'$」の均衡点である。

・「y」と「y'」を同じ土俵に並べるには、「y'」の側に「d/dx」を1個余分に施す。

この2つを頭に留めれば、（厳密であるかどうかは別として）少なくとも丸暗記する苦痛からは解放されるのではないでしょうか。

12-7　最速降下線の解法

最速降下線そのものについては、ザッと解法を俯瞰するに留めます。

物体の速度「v」は落下によって稼ぎ出されるので、

$$\frac{1}{2}mv^2 = mgx \quad \cdots 運動エネルギー＝落下の位置エネルギー$$

$$v = \sqrt{2gx}$$

位置「x, y」における、滑り台の微小な長さ「ds」は、

$$ds = \sqrt{dx^2 + dy^2} = \sqrt{1 + \left(\frac{dy}{dx}\right)^2}\, dx = \sqrt{1 + \left(y'\right)^2}\, dx$$

その微小な長さを滑り落ちる時間は、

$$dt = \frac{ds}{v} = \sqrt{\frac{1 + \left(y'\right)^2}{2gx}}\, dx$$

滑り台全体を滑り落ちる時間は、その合計ですから、

$$I = \int \sqrt{\frac{1 + \left(y'\right)^2}{2gx}}\, dx$$

積分の中身を「L」と置いて、「オイラーラグランジュ方程式」に当てはめます。

$$\frac{\partial L}{\partial y} - \frac{d}{dx}\left(\frac{\partial L}{\partial y'}\right) = 0$$

「L」は直接「y」を含まないので、「$\partial L / \partial y = 0$」です。

$$\frac{d}{dx}\left(\frac{\partial L}{\partial y'}\right) = \frac{d}{dx}\left(\frac{y'}{\sqrt{\left(1+(y')^2\right)(2gx)}}\right) = 0$$

※ 「y'」についての微分「$\dfrac{d}{dy'}\sqrt{1+(y')^2} = \dfrac{1}{2}\cdot\dfrac{2y'}{\sqrt{1+(y')^2}}$」となるため。

「x」の変化が「0」ということは、

$$\frac{y'}{\sqrt{\left(1+(y')^2\right)(2gx)}} = \text{一定値}\, C$$

結局のところ、目的の答は

$$(y')^2 = \frac{C^2 \cdot 2gx}{1-C^2 \cdot 2gx} = \frac{x}{\left(\dfrac{1}{C^2 \cdot 2gx}\right)-x} = \frac{x}{C_1 - x}$$

という形の曲線になります。

この「$x,\ y$」には、

$$x = \frac{C_1}{2}\left(1-\cos(\theta)\right)$$

$$y = \frac{C_1}{2}\left(\theta-\sin(\theta)\right)$$

が上手く当てはまることが知られています。

「$x,\ y$」は、直径が「C_1」の円を転がしたとき、円周上の1点が描く軌跡に一致します。

この曲線は、「サイクロイド」と名づけられています。

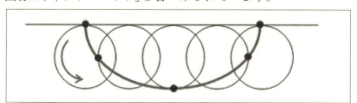

12-8 なぜ「ラグランジアン」は「$T-U$」なのか

運動方程式の話に戻りましょう。

最速降下線との対比から、「運動の法則」とは「ラグランジアン」を極小化(停留化)することが明らかとなりました。

ところが、このラグランジアン「$L=T-U$」は、「(運動エネルギー)−(位置エネルギー)」というシンプルな外見とは裏腹に、なぜそうなるのか理解に苦しむ代物です。

たとえばこれが、全エネルギー「$T+U$」の極小化であったり、あるいは経過時間「t」の極小化だというのなら、まだ話は分かります。

「$L=T-U$」という表象はひどく中途半端で、素朴に納得できるほど明快ではありません。

そこで、いっそのこともしこの世の中が、最小作用の原理で成り立っているとしたら」と考え直してみましょう。

もし「最小作用」というものがあるのなら、それはこの「ラグランジアン」以外にはあり得ない、というストーリーを展開したいのです。

必要となる前提は、次の3つ。

・運動は位置と速度によって記述される
・最小作用の原理
・空間と時間の一様性

さらに、

・ダランベールの原理(ニュートン力学との整合性)

が要請事項です。

「最小作用の原理」とは、運動にともなう「L」という量があって、その合計が最小になるという前提です。

$$（最小化される作用）= \int L\big(x(t),\, x'(t)\big)\, dt$$

　空間の一様性とは、特別えこひいきするような場所や方向はない、どこも本来平等であるという前提です。

　であれば、この「L」という量は位置「x」には依存せず、速度の向き「x'」にも依存せず、ただ速度の2乗「$(x')^2$」の関数となるはずです。

　しかし、単に向きに依存しない関数であれば、2乗の他にも速度の4乗であるとか、「cosh」であるとか、いくつもの候補が挙げられるでしょう。

　そこで、「L」が「v^2」そのものであることを確かめるために、ガリレイ変換を考えます。

　止まっている人から眺めた運動を、一定速度で走っている車から眺めても、運動そのものは変わりません(古典力学的には)。

　ガリレイ変換とはそのようなもので、とある運動の記述に一定の速度「v」を一斉に加えるという変換です。

　たとえ一定の速度を加えようとも、運動は不変であるなら、「ラグランジアン」はガリレイ変換に対して形を変えないはずです。

　ガリレイ変換に対して形を変えない関数だけが、「ラグランジアン」となる資格がある。

　そして、それは結果的に速度の2乗であった。

　以下、そのような議論を展開します。
*
　「作用」、すなわち時々刻々と変化する「ラグランジアン」の合計値を考えたとき、「ラグランジアン」に一斉に定数を加えてゲタを履かせたとしても、運動の経路は変わりません。

　たとえば「ラグランジアン」を毎秒＋3ポイントずつ水増ししたなら、10秒後にはどの経路にも等しく＋30ポイント加算されるので、経路の選択には何の影響も及ぼしません。

　加算するポイントは何も一定である必要はなく、たとえば経過秒数の2乗を加算したとしても、やはり経路は変わりません。

　他に何が加算できるでしょうか。

　逆算して考えると、経路のスタートとゴールの落差だけで決まるようなゲ

タを作用に加算しても、途中の経路選択には何ら影響を与えないはずです。

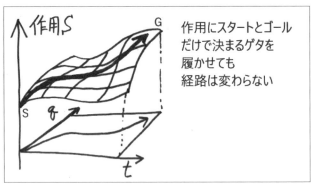

　「作用」とは「ラグランジアン」を積分したものですから、「ラグランジアン」にスタートとゴールの落差の微分を加算しても、経路は変わらないことになります。

・「ラグランジアン」に、任意の関数の時間微分「$\dfrac{d}{dt}f(q,t)$」を付け加えても結果は変わらない。

　しかし、これ以外の余計なもの、たとえば「ラグランジアン」に位置の2乗や、はたまた「位置×時刻」の「$\sqrt{\ }$」（平方根）などをつけ加えると、結果は変わってきます。

＊

　以上、「ラグランジアン」が変わらない性質をもとに、「ガリレイ変換」を考えます。

　仮に、「ラグランジアン」が「v^2」に比例するのだとしましょう。

$$L = av^2 \quad \cdots 「a」は適当な比例定数$$

　ここで、同じ運動を微小な相対速度「e」で走っている車から眺めたことを考えます。

　「av^2」の「v」を、一斉に「$(v+e)$」に書き換えたなら、

$$a(v+e)^2 = a\left(v^2 + 2ve + e^2\right) = av^2 + 2ave + ae^2$$

「ae^2」は微小量なので、問題となるのは「$2ave$」という項です。

「ラグランジアン」は「任意の関数の時間微分を足しても結果を変えない」ということだったのですが、速度「v」は「$\frac{d}{dt}(q)$」という時間微分なので、たしかにこの場合にはガリレイ変換によって結果は変わりません。

それでは、仮に「ラグランジアン」が「v^4」に比例するとしたらどうなるか。

$$L = av^4$$

ガリレイ変換を行なうと、

$$a(v+e)^4 = a\left(v^4 + 4v^3e + 6v^2e^2 + 4ve^3 + e^4\right)$$

になり、結果が変わってしまいます。

他のもっと複雑な関数、たとえば「cosh」などであっても、ガリレイ変換を不変には保てません。

かくして、「ラグランジアン」の中身は、

$$L = av^2$$

であったという結論に至ります。

比例定数「a」を「$(1/2)m$」と置けば、この「L」は運動エネルギーそのものになります。

通常私たちは、速度と質量から運動エネルギーを定義します。

しかし「最小作用の原理」を出発点に選ぶなら、むしろこの「比例定数m」のことを質量と定義し、「L」の具体的な中身のことを運動エネルギーと定義した方が、論理としては自然です。

さて、ここまでは物体が空間にただ1つだけ孤立している状況を考えてきたのですが、次に物体が他の物体から影響を受ける場合について考えを進めましょう。

他の物体から受ける影響は、「ラグランジアン」の中身である運動エネルギー

に対して、加算(足し算、あるいは引き算)されるべきものです。

　なぜなら、孤立した物体に対して影響は加えたり、取り除いたりできるからです。

　もし、互いに影響を及ぼさない2つの運動「A, B」があったなら、それら全体の「ラグランジアン」は、

$$L = L_A + L_B$$

となるはずです。

　なぜなら、作用とは「ラグランジアン」の足し算合計(積分)だからです。

　もし、「A, B」全体の「ラグランジアン」が足し算以外(たとえば掛け算など)であったとしたら、単に系を分割・統合するだけで運動の様相がいちいち変わるはずですが、それは不合理でしょう。

　もともと「ラグランジアン」とは、加算する体系で作られていたのです。

　これを「ラグランジアンの加法性」と言います。

*

　他の物体から受ける影響を「U」という記号で表わせば、「ラグランジアン」は次の形に書き直せます。

$$L = \frac{1}{2}mv^2 - U$$

　「U」は速度には依らない(もし依っていたとすれば運動エネルギーに影響を与えてしまう)けれど、運動は位置と速度で記述できるので、「U」は位置の関数「$U(x)$」ということになります。

(ただし影響を与える側の物体は動かないものとしています。「惑星の運動」で太陽が動かないように)。

　この「$U(x)$」を「位置エネルギー」と定義すれば、結局「ラグランジアン」は「(運動エネルギー)-(位置エネルギー)」という結果に収まります。

*

　「最小作用の原理」を力学の基礎に据えた教科書として、有名なものに「ランダウ=リフシッツ理論物理学教程 力学」が挙げられます。

上の説明はその導入部に多少の蛇足を付け加えたものです。

オリジナルの理論は極めて完成度が高く、もはや芸術作品と称されています。

ぜひ一度手にとって見てください。

12-9　マイナス符号は「ダランベールの原理」から

しかしなぜ、「(運動エネルギー)−(位置エネルギー)」なのでしょうか。

加法性だけからすれば、「(運動エネルギー) + (位置エネルギー)」のほうがよほど素直に思えるのですが、あえてマイナスとした理由は何なのでしょうか。

その理由は「ダランベールの原理」に求めることができます。

ダランベールの原理とは、「運動している物体も、見方を変えれば静止した物体の釣り合いと見なすことができる」という主張です。

静止した物体が釣り合いの状態にあるとき、物体に働く力の総和は0となっています。

$$\sum_i F_i = 0$$

※「$\sum_i$」は、「i個の力を足し合わせた」という記号です。

釣り合いの状態から物体をほんの少し(仮想的に)動かしたとしても、動かしたのに要する仕事は「0」になります。

$$\sum_i F_i \cdot \delta x = 0 \quad \cdots 仮想仕事の原理$$

これを仮想仕事の原理と言います。

(「δx」は位置をほんの少しズラしたという意味で、変分記号の「δ」を用いています)。

　もし物体が運動していたとしたも、加速からくる影響を力に置き換えて考えれば、静止した状態と同じように扱えるはずです。
　「ニュートンの運動方程式」を移項して、

$$F = mx''$$
$$F - mx'' = 0$$

　これを仮想仕事の原理に加えたものが、「ダランベールの原理」です。

$$\sum_i \left(F_i - mx_i'' \right) \cdot \delta x = 0 \quad \text{…ダランベールの原理}$$

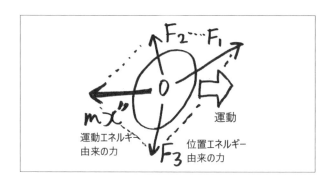

　運動している物体は常に、そこに働く力と、加速から来る力との釣り合いの状態にある。

　ここで、「F_i」を位置エネルギー由来の力、「mx_i''」を運動エネルギー由来の力と読み替えてみてください。
　たしかに、「(位置エネルギー) – (運動エネルギー)」となっているではありませんか。

「ラグランジアン」が「$L = T - U$」である理由は、つまるところ「力と加速とが釣り合う」ことに求められます。
　自由落下するエレベーターに乗っている人にとって、位置エネルギー由来の「重力」と、落下の加速による「慣性力」は釣り合うので、何の力も働いていない「無重力状態」にあると感じられるでしょう。

　このとき、「重力」と「慣性力」は反対向きに働くので、マイナス符号で結びつきます。

　仮に運動する物体と一体になっている人がいるとしたら、その人にとって運動とは、いつでも釣り合っている状態に感じられるはずです。
　逆に言えば、乗っている人が無重力と感じるように線を描けば、正しい運動の軌跡が再現されるはずです。

　「作用」とは、「運動する物体に乗っている人[1]が感じる力」を足し合わせた結果です。
　運動がまったく自由であれば実質的にゼロ、そうでなかったとしても可能な限り小さな値に収まろうとします。
　中の人にとっては釣り合っている、これが作用を最小化することの意味だったのです。

　より直観的に言えば、「ラグランジアン」とは位置ベクトルの始点「U」と終点「T」のようなものです。

　まず、孤立した物体のラグランジアン「L」を、原点「O」から終点「T」まで伸びるベクトル「$\vec{T}$」だと見なしましょう。
　ポテンシャル「U」は、その場でのエネルギーの基準点という意味をもっているので、原点「O」を始点「U」にもっていったとします。
　すると、始点「U」から終点「T」に伸

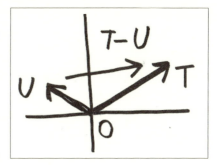

びるベクトル「$\vec{L}$」は、「$L = T - U$」と表わされるでしょう。

　エネルギーをあたかもベクトルのように見なすのは多少乱暴ですが、それが許されるのは上に見たように、もともと位置エネルギー由来のベクトルと運動エネルギー由来のベクトルが釣り合っていたからなのです。

※1　たとえば急カーブを曲がる車内にいる人は無重力に感じているのか？
　人間は大きくて複雑な存在なので、自身の体内から来る慣性力と車内の壁面から来る圧力の差異を感じ取れるのですが、大きさの無い質点においては、慣性力とそれ以外の力が常に釣り合っているものと考えられます。
　「運動する物体に乗っている人」とは、そういった極めて小さな立場のことを指しています。

12-10 「最小作用の原理」にまつわる混乱について

「最小作用の原理」は、紛れもなく物理学の根幹を成す概念のひとつですが、それだけに留意すべき注意点の多い概念でもあります。

「最小作用の原理」は歴史的に見ても、その内容からしても、多分に神学の香りを漂わせています。

そのため、つい言葉と思索だけが先行した議論に陥り、ともすると物理学を外れることもしばしです。

実際、プロフェッショナルほど「最小作用の原理」の誇張を嫌う傾向にあるように思います。

誇張を避け、「最小作用の原理」の真価を正しく受け止めるためにも、これまで言い残した注意点をまとめましょう。

■ 正しくは「停留作用」

「最小作用の原理」という言葉は、実はあまり正確な言い回しではありません。より正確には、「停留作用の原理」と呼ぶべきものです。

最大値、最小値とは、与えられた範囲内で文字通り最も大きな値、最も小さな値です。

しかし、与えられた範囲には、最高峰以外にも、2番目に高い山や、3番目以降の低い丘が含まれていることだってあり得ます。

そうした必ずしも最大ではない高みを含む山頂(あるいは谷底)のことを、「極大値」「極小値」と言います。

*

「微分」とは、坂の傾きから山頂(あるいは谷底)の位置を探す方法でした。

この方法だけでは必ずしも最大値(最小値)にたどり着ける保証はなく、途中の極大値(極小値)に引っかかる可能性もあります。

それどころが、山頂や谷底ではない、一時的に平らになった所をゴール地点と捉える可能性だってあり得ます。

山頂でも谷底でもない、平らな地形に相当する値を「停留値」と言います。

たとえば、峠といった地形は「停留値」になります。

いくつか引用しておきましょう。

　…この原理が間違って命名されたということだ。
　作用の量は可能なかぎり小さくなったり（最小化）、可能なかぎり大きくなったり（最大化）するのではない。
　それは「停留化」するのである。

ヤコービは、1842〜43年に教えた『力学講義』の中でつぎのようにいっている。
　「最小作用の原理」を述べるときは、…〔作用量が〕最小または最大でなければならないとはいわれますが、停留するとはいわれません。
　この二つを混同する人があまり多いので、誤りを指摘するのもはばかられるくらいです。
　　　　　　　　　　—みすず書房「数学は最善世界の夢を見るか？」より

■ 運動エネルギーの停留化、ハミルトンの原理

　文脈によっては「最小作用の原理」を別の意味に当てはめる場合もあります。
　その場合、「最小作用の原理」とは運動エネルギーの停留化「$\delta \int T dt = 0$」を表わし、「ラグランジアン」の停留化のことは「ハミルトンの原理」として区別します。

■ 変分原理

　「最小作用の原理」を、より一般化して「変分原理」と言います。
　「変分原理」とは、「作用」の次元（エネルギー×時間）をもたない対象にも、同じ思想を拡張したものです。
　また「最小作用の原理」という用語がもっぱら古典力学で用いられるのに対し、「変分原理」は、より広い分野で用いられています。

　古典力学においてニュートンの運動方程式の解を特徴づける「最小作用の原理」、光学において光の経路を特徴づけるフェルマの原理、また、統計力学において平衡状態を特徴づけるギブズの変分原理などは、物理学においてよく知られた変分原理である。
　　　　　　　　　　—岩波数学入門辞典「変分原理」より

＊

　長い道をたどり、ようやく力学の1つの源流にたどり着きました。

　力学の源流は、「最小作用の原理」にあります。

・自然は無駄を嫌い、最善を尽くす。

・およそ実現する運動は、作用を停留化することで形作られる。

　力学の定式化には、いくつもの方法があります。

　それぞれの方法は、分かりやすさ、理論の厳密さ、必要とされる数学知識などにおいて一長一短で、どれがベストであると決めつけることはできません。

　高等学校では、運動は「ニュートンの運動3法則」によって説明されます。

　大学では、同じ基本法則を「微分」「積分」を用いて説明します。

　ニュートン力学を洗練し、再構成したものが解析力学です。

　オーソドックスな解析力学では、ダランベールの原理から出発し、「最小作用の原理」(ハミルトンの原理)、「ラグランジアン」の構成を経て、ラグランジュ運動方程式に至るという道筋をたどります。

　この道筋は破綻が無く堅実ですが、なぜそうなるのか、動機が見えにくい。

　完成された道筋を順番にたどるのは、種明かしから手品に進むようなものだからです。

　であればいっそ、逆の順番にたどれば動機が見えてくるのではないか。

　そう考えて逆順にたどったのが、ここに示した説明でした。

　改めて順逆を対比すると、順方向は厳密ではあるが動機が見えにくく、逆方向は動機が分かりやすいが厳密さに欠く、といった補間関係にあります。

　もし読者がこれまでの説明に曖昧な不安を抱いたとしら、その不安は極めて正当なものであると思います。

　改めて順方向の道をたどることで、きっと不安は解消されることでしょう。

　本書の役割はここまでです。

索 引

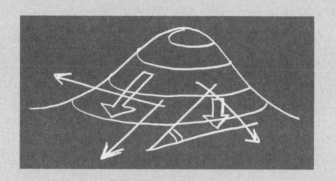

50音順

《あ行》

《か行》

《さ行》

《た行》

数字・記号

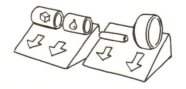

■著者プロフィール

中西　達夫（なかにし・たつお）

東京都出身。
筑波大学大学院理工学系中退。
その後、半導体開発、ゲームソフトウェア開発、オープン系システム開発に携わる。
日本初の「リコメンデーション・システム」の導入をきっかけに、統計解析の世界へ入る。
現在は、統計手法を応用したシステム開発、コンサルティングを手がけている。

(株)モーション取締役。大妻女子大学非常勤講師。
科学技術をやさしく説明することをライフワークとしている。

【主な著書】

悩めるみんなの統計学入門（技術評論社）
武器としてのデータ分析力（日本実業出版社）
など統計関連の入門書4冊。

本書の内容に関するご質問は、
① 返信用の切手を同封した手紙
② 往復はがき
③ FAX (03) 5269-6031
　（返信先の FAX 番号を明記してください）
④ E-mail　editors@kohgakusha.co.jp
のいずれかで、工学社編集部あてにお願いします。
なお、電話によるお問い合わせはご遠慮ください。

サポートページは下記にあります。

［工学社サイト］
http://www.kohgakusha.co.jp/

I/O BOOKS

実用のための「微積」と「ラグランジアン」

2018 年 3 月 20 日　初版発行　ⓒ 2018

著　者　中西　達夫
発行人　星　正明
発行所　株式会社 工学社
〒160-0004 東京都新宿区四谷 4-28-20 2F
電話　　(03) 5269-2041 (代) ［営業］
　　　　(03) 5269-6041 (代) ［編集］

※定価はカバーに表示してあります。

振替口座　00150-6-22510

印刷：図書印刷 (株)

ISBN978-4-7775-2047-3